CAD/CAM 职场技能高手视频教程

SketchUp 2018 基础、进阶、高手一本通

云杰漫步科技 CAX 教研室

张云杰　尚蕾　编著

U0350292

電子工業出版社

Publishing House of Electronics Industry

北京·BEIJING

内 容 简 介

　　SketchUp 是一款面向设计师、注重设计创作过程的软件，其操作简便、即时显现等优点使它灵性十足，给设计师提供了一个在灵感和现实间自由转换的空间。本书针对 SketchUp 2018 建筑草图设计的特点，按照基础、进阶和高手的方式进行分篇，详细介绍其基本操作、绘制图形、标注和文字、材质和贴图、页面和动画设计、插件和渲染等内容，并有针对性地讲解了综合设计案例。本书还通过实用案例的视频精讲方式，配备交互式多媒体网络教学资源，供读者学习和加深理解。

　　本书结构严谨、内容翔实、可读性强、案例专业性强、步骤明确，是广大读者快速掌握 SketchUp 的实用指导书，同时也适合作为职业培训学校和高等院校计算机辅助设计课程的教材。

图书在版编目（CIP）数据

SketchUp 2018基础、进阶、高手一本通 / 张云杰，尚蕾编著. —北京：电子工业出版社，2019.4

CAD/CAM职场技能高手视频教程

ISBN 978-7-121-35696-4

Ⅰ. ①S…　Ⅱ. ①张…　②尚…　Ⅲ. ①建筑设计－计算机辅助设计－应用软件－教材　Ⅳ. ①TU201.4

中国版本图书馆CIP数据核字（2018）第281119号

策划编辑：许存权

责任编辑：许存权　　　　特约编辑：谢忠玉　等

印　　刷：北京虎彩文化传播有限公司

装　　订：北京虎彩文化传播有限公司

出版发行：电子工业出版社

　　　　　北京市海淀区万寿路173信箱　邮编　100036

开　　本：787×1 092　1/16　印张：19.25　字数：500千字

版　　次：2019 年 4 月第 1 版

印　　次：2022 年 8 月第 9 次印刷

定　　价：69.00 元

Preface/前 言

本书是"CAD/CAM 职场技能高手视频教程"丛书中的一本，云杰漫步科技 CAX 教研室通过一直以来与众多公司培训方面的合作，继承和发展了其内部培训方法，并吸收和细化了培训过程中客户需求的经典案例，从而推出这本图书。本书拥有完善的知识体系和教学思路，采用阶梯式学习方法，对 SketchUp 软件知识、命令操作以及应用案例进行了详尽讲解，循序渐进地提高读者的技能。

SketchUp 是一款极受欢迎并且易于使用的 3D 设计软件，其官方网站将它比喻为电子设计中的"铅笔"。它是一款面向设计师、注重设计创作过程的软件。其操作简便、即时显现等优点使它灵性十足，给设计师提供了一个在灵感和现实间自由转换的空间，目前最新版本是 SketchUp 2018。本书针对 SketchUp 2018 建筑草图设计的特点，按照基础、进阶和高手的方式进行分篇，详细介绍了其基本操作、绘制图形、标注和文字、材质和贴图、页面和动画设计、插件和渲染等内容，并有针对性地讲解了综合设计案例。本书还通过对实用案例进行视频精讲的方式，配备交互式多媒体网络教学资源，便于读者学习和理解。本书结构严谨、内容翔实、可读性强、设计实例专业性强、步骤明确，是广大读者快速掌握 SketchUp 2018 的实用指导书，也可作为高等院校计算机辅助设计课程的教材。书中每个案例都是作者独立设计的真实作品，每个案例都提供了独立、完整的设计制作过程，每个操作步骤都有详细的文字说明和精美的图例展示。

本书还配备了交互式多媒体网络教学资源，将案例制作过程制作成多媒体视频进行讲解，由从教多年的专业讲师全程多媒体语音视频教学，便于读者学习。同时网络资源中还提供了所有实例的源文件（可在 QQ 群 37122921 中获取），以便读者练习使用。关于多媒体教学资源的使用方法，读者可以参考资源的配套说明。另外，本书还提供了网络技术支持，欢迎读者登录网上技术论坛进行交流（http://www.yunjiework.com/bbs），论坛分多个专业设计板块，可以为读者提供实时的软件技术支持，解答读者的问题。也欢迎读者关注我们的今日头条号"云杰漫步智能科技"。

本书由云杰漫步科技 CAX 教研室组稿，参加编写工作的主要有张云杰、尚蕾。另外，张云静、郝利剑、靳翔、贺安、郑晔、刁晓永、贺秀亭、乔建军、周益斌、马永健等也参与了部分章节的编写。书中的设计范例、网络资源的多媒体效果均由北京云杰漫步多媒体科技公司设计制作，同时，感谢电子工业出版社编辑的大力协助。

由于本书编写时间紧张，以及编写人员的水平有限，因此在编写过程中难免有不足之处，在此，望广大读者不吝赐教，对书中的不足之处给予指正。

编　者

Contents/目 录

第 1 章 SketchUp 2018 建筑草图
设计基础 ········· 1
1.1 界面介绍 ············ 2
1.1.1 操作界面介绍 ········· 2
1.1.2 界面中各部分介绍 ····· 4
1.2 视图操作 ············ 13
1.2.1 视图操作方法 ········· 13
1.2.2 视图操作应用案例 ····· 14
1.3 图形操作 ············ 18
1.3.1 选择图形 ············· 18
1.3.2 删除图形 ············· 20
1.4 本章小结 ············ 21
1.5 课后练习 ············ 21
1.5.1 填空题 ··············· 21
1.5.2 问答题 ··············· 21
1.5.3 操作题 ··············· 22
第 2 章 绘制基本图形 ········· 23
2.1 绘制二维图形 ········ 24
2.1.1 二维绘图工具介绍 ····· 24
2.1.2 主要工具使用方法 ····· 24

2.1.3 二维图形绘制应用案例 ······· 29
2.2 绘制三维图形 ········ 34
2.2.1 三维图形工具介绍 ····· 34
2.2.2 主要工具使用方法 ····· 34
2.2.3 三维图形绘制应用案例 ····· 38
2.3 模型操作 ············ 46
2.3.1 模型交错 ············· 46
2.3.2 实体工具 ············· 47
2.3.3 照片匹配 ············· 48
2.4 本章小结 ············ 49
2.5 课后练习 ············ 49
2.5.1 填空题 ··············· 49
2.5.2 问答题 ··············· 50
2.5.3 操作题 ··············· 50
第 3 章 标注尺寸和文字 ······· 51
3.1 测量模型 ············ 52
3.1.1 测量距离 ············· 52
3.1.2 测量角度 ············· 52
3.1.3 绘制和管理辅助线 ····· 53
3.2 标注尺寸 ············ 56

3.2.1 标注线段 ················· 56
3.2.2 标注直径和半径 ········· 57
3.2.3 互换直径标注和半径标注··· 57
3.3 标注文字 ···················· 58
3.3.1 标注二维文字 ········· 58
3.3.2 制作三维文字 ········· 59
3.3.3 标注尺寸和文字应用案例··· 60
3.4 本章小结 ···················· 63
3.5 课后练习 ···················· 63
3.5.1 填空题 ··············· 63
3.5.2 问答题 ··············· 64
3.5.3 操作题 ··············· 64

第 4 章 设置材质与贴图 ·········· 65
4.1 材质操作 ···················· 66
4.1.1 材质编辑器 ··········· 66
4.1.2 设置材质 ············· 67
4.1.3 材质操作应用案例 ····· 68
4.2 基本贴图操作 ·············· 71
4.2.1 贴图坐标介绍 ········· 72
4.2.2 贴图坐标操作 ········· 73
4.3 复杂贴图操作 ·············· 74
4.3.1 转角贴图 ············· 74
4.3.2 圆柱体的无缝贴图 ····· 75
4.3.3 其他贴图 ············· 75
4.3.3 贴图操作应用案例 ····· 76
4.4 本章小结 ···················· 80
4.5 课后练习 ···················· 80
4.5.1 填空题 ··············· 80
4.5.2 问答题 ··············· 81
4.5.3 操作题 ··············· 81

第 5 章 图层、群组和组件应用 ···· 82
5.1 图层应用和管理 ············ 83
5.1.1 图层应用 ············· 83
5.1.2 图层管理 ············· 83
5.2 创建和编辑群组 ············ 84
5.2.1 群组的优点 ··········· 84

5.2.2 创建群组 ············· 85
5.2.3 编辑群组 ············· 85
5.3 创建和编辑组件 ············ 86
5.3.1 组件的优点 ··········· 86
5.3.2 创建组件 ············· 87
5.3.3 插入组件 ············· 87
5.3.4 编辑组件 ············· 88
5.3.5 动态组件 ············· 89
5.3.6 组件应用案例 ········· 90
5.4 本章小结 ···················· 96
5.5 课后练习 ···················· 96
5.5.1 填空题 ··············· 96
5.5.2 问答题 ··············· 96
5.5.3 操作题 ··············· 97

第 6 章 页面、动画和渲染设计 ···· 98
6.1 页面设计 ···················· 99
6.1.1 【场景】管理器 ······· 99
6.1.2 幻灯片演示 ·········· 102
6.1.3 页面设计应用案例 ···· 103
6.2 动画设计 ·················· 106
6.2.1 导出视频动画 ········ 106
6.2.2 批量导出场景图像 ···· 107
6.2.3 页面设计应用案例 ···· 108
6.3 渲染设计 ·················· 111
6.3.1 VRay 基础 ··········· 111
6.3.2 设置材质 ············ 113
6.3.3 环境和灯光设置 ······ 115
6.4 本章小结 ·················· 116
6.5 课后练习 ·················· 116
6.5.1 填空题 ·············· 116
6.5.2 问答题 ·············· 117
6.5.3 操作题 ·············· 117

第 7 章 剖切平面设计 ··········· 118
7.1 创建和编辑剖切面 ········· 119
7.1.1 创建剖切面 ·········· 119
7.1.2 编辑剖切面 ·········· 120

7.1.3 剖切面制作应用案例 ……… 122
7.2 导出剖切面和动画 ……………… 125
　　7.2.1 导出剖切面 …………… 125
　　7.2.2 输出剖切面动画 ………… 126
　　7.2.3 剖切面动画应用案例 …… 128
7.3 本章小结 …………………… 133
7.4 课后练习 …………………… 133
　　7.4.1 填空题 ………………… 133
　　7.4.2 问答题 ………………… 134
　　7.4.3 操作题 ………………… 134

第8章 沙箱工具和插件 ………… 135
8.1 应用沙箱工具 ……………… 136
　　8.1.1 【沙箱】工具栏 ……… 136
　　8.1.2 沙箱工具介绍 ………… 136
　　8.1.3 沙箱工具应用案例 …… 138
8.2 使用插件 …………………… 141
　　8.2.1 标记线头插件 ………… 141
　　8.2.2 焊接曲线工具插件 …… 142
　　8.2.3 拉线成面工具插件 …… 143
　　8.2.4 距离路径阵列插件 …… 143
　　8.2.5 使用插件设计应用案例 … 144
8.3 文件导入和导出 …………… 148
　　8.3.1 CAD文件导入和导出 …… 148
　　8.3.2 图像文件导入和导出 … 152
8.4 本章小结 …………………… 157
8.5 课后练习 …………………… 157
　　8.5.1 填空题 ………………… 157
　　8.5.2 问答题 ………………… 157
　　8.5.3 操作题 ………………… 157

第9章 高手应用案例1
　　——住宅建筑设计应用 ………… 159
9.1 案例分析 …………………… 160
　　9.1.1 知识链接 ……………… 160
　　9.1.2 设计思路 ……………… 161
9.2 案例操作 …………………… 162
　　9.2.1 创建首层部分 ………… 162

9.2.2 绘制中间层部分 ……… 174
9.2.3 绘制顶层和屋顶 ……… 177
9.2.4 设置材质 ……………… 180
9.3 本章小结 …………………… 183
9.4 课后练习 …………………… 184
　　9.4.1 填空题 ………………… 184
　　9.4.2 问答题 ………………… 184
　　9.3.3 操作题 ………………… 184

第10章 高手应用案例2
　　——商业建筑设计应用 ………… 186
10.1 案例分析 …………………… 187
　　10.1.1 知识链接 …………… 187
　　10.1.2 设计思路 …………… 189
10.2 案例操作 …………………… 190
　　10.2.1 创建楼体首层和大堂 … 190
　　10.2.2 制作其他层和屋顶 … 197
　　10.2.3 材质和贴图设计 …… 201
10.3 本章小结 …………………… 206
10.4 课后练习 …………………… 207
　　10.4.1 填空题 ……………… 207
　　10.4.2 问答题 ……………… 207
　　10.4.3 操作题 ……………… 207

第11章 高手应用案例3
　　——高层办公建筑设计应用 …… 209
11.1 案例分析 …………………… 210
　　11.1.1 知识链接 …………… 210
　　11.1.2 设计思路 …………… 211
11.2 案例操作 …………………… 211
　　11.2.1 创建办公楼主体 …… 211
　　11.2.2 创建办公楼其他部分 … 218
　　11.2.3 材质和贴图设计 …… 223
11.3 本章小结 …………………… 227
11.4 课后练习 …………………… 227
　　11.4.1 填空题 ……………… 227
　　11.4.2 问答题 ……………… 227
　　11.4.3 操作题 ……………… 228

第 12 章　高手应用案例 4

　　——别墅庭院建筑设计应用 ······ 229

　12.1　案例分析 ················· 230

　　12.1.1　知识链接 ············ 230

　　12.1.2　设计思路 ············ 231

　12.2　案例操作 ················· 232

　　12.2.1　制作建筑模型 ········ 232

　　12.2.2　绘制前后方景观 ······ 240

　　12.2.3　设置材质和贴图 ······ 244

　12.3　本章小结 ················· 250

　12.4　课后练习 ················· 250

　　12.4.1　填空题 ············ 250

　　12.4.2　问答题 ············ 250

　　12.4.3　操作题 ············ 251

第 13 章　高手应用案例 5

　　——湖边景观设计应用 ········· 252

　13.1　案例分析 ················· 253

　　13.1.1　知识链接 ············ 253

　　13.1.2　设计思路 ············ 254

　13.2　案例操作 ················· 254

　　13.2.1　创建景观主体 ········ 254

　　13.2.2　绘制湖面地形及其他 ·· 260

　　13.2.3　添加材质并渲染 ······ 262

　13.3　本章小结 ················· 266

　13.4　课后练习 ················· 266

　　13.4.1　填空题 ············ 266

　　13.4.2　问答题 ············ 266

　　13.4.3　操作题 ············ 266

第 14 章　高手应用案例 6

　　——欧式园林景观设计 ········· 268

　14.1　案例分析 ················· 269

　　14.1.1　知识链接 ············ 269

　　14.1.2　设计思路 ············ 270

　14.2　案例操作 ················· 270

　　14.2.1　创建园林景观模型 ···· 271

　　14.2.2　材质和贴图处理 ······ 276

　　14.2.3　导入建筑模型和环境 ·· 279

　14.3　本章小结 ················· 280

　14.4　课后练习 ················· 280

　　14.4.1　填空题 ············ 280

　　14.4.2　问答题 ············ 281

　　14.4.3　操作题 ············ 281

第 15 章　高手应用案例 7

　　——中式园林古建景观设计 ······· 282

　15.1　案例分析 ················· 283

　　15.1.1　知识链接 ············ 283

　　15.1.2　设计思路 ············ 285

　15.2　案例操作 ················· 285

　　15.2.1　创建园林景观模型 ········ 285

　　15.2.2　添加组件和材质并渲染 ···· 295

　15.3　本章小结 ················· 298

　15.4　课后练习 ················· 298

　　15.4.1　填空题 ············ 298

　　15.4.2　问答题 ············ 299

　　15.4.3　操作题 ············ 299

第1章 SketchUp 2018 建筑草图设计基础

 **本章导读**

SketchUp 是一款广受欢迎并且易于使用的 3D 设计软件，其官方网站将它比喻为电子设计中的"铅笔"，其开发公司@Last Software 公司成立于 2000 年，规模虽小，但却以 SketchUp 而闻名。为了增强 Google Earth 的功能，让用户可以利用 SketchUp 创建 3D 模型并放入 Google Earth 中，使得 Google Earth 所呈现的地图更具立体感、更接近真实世界，Google 于 2006 年 3 月宣布收购 SketchUp 软件及其开发公司@Last Software。SketchUp 2018 是该软件的最新版本。

本章是 SketchUp 2018 的基础，主要介绍该软件的基本概念、操作界面、视图操作及图形操作的方法。这些是用户使用 SketchUp 必须掌握的基础知识，是熟练使用该软件进行产品设计的前提。

	学习目标 知识点	了解	理解	应用	实践
学习要求	界面介绍	√	√		
	视图操作		√	√	√
	图形操作		√	√	

1.1　界面介绍

SketchUp 的种种优点使其很快风靡全球，本节就对 SketchUp 2018 的界面进行系统讲解，使读者熟悉 SketchUp 的界面操作。

1.1.1　操作界面介绍

在安装好 SketchUp 2018 后，双击桌面上的　　图标启动软件，首先出现的是【欢迎使用 SketchUp】的向导界面，如图 1-1 所示。

图 1-1　向导界面

在向导界面中，设置了【模板】、【许可证】等功能按钮，可以根据需要进行选择使用。

在向导界面中，单击【模板】按钮，然后在【模板】的下拉选项框中选择【建筑设计—毫米】选项，如图 1-2 所示，接着单击【开始使用 SketchUp】按钮　　　，即可打开 SketchUp 的工作界面。

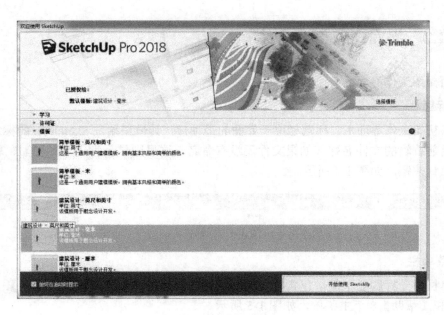

图 1-2　选择模版

SketchUp 2018 的初始工作界面主要由【标题栏】、【菜单栏】、【工具栏】、【绘图区】、【状态栏】和【数值控制框】构成，如图 1-3 所示。

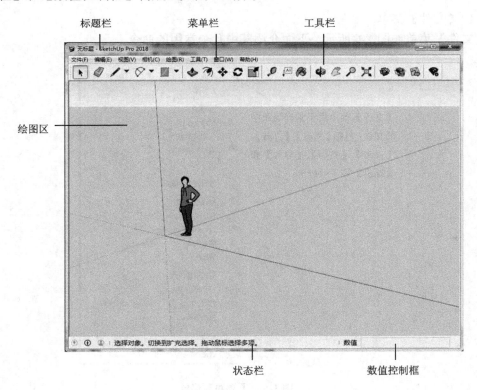

图 1-3　初始界面

1.1.2　界面中各部分介绍

下面介绍工作界面的各个部分。

1. 标题栏

进入初始工作界面后，标题栏位于界面的最顶部，其最左端是 SketchUp 的标志，往右依次是当前编辑的文件名称（如果文件还没有命名，这里则显示为【无标题】）、软件版本和窗口控制按钮，如图 1-4 所示。

图 1-4　标题栏

2. 菜单栏

菜单栏位于标题栏下面，包含【文件】、【编辑】、【视图】、【相机】、【绘图】、【工具】、【窗口】和【帮助】8 个主菜单，如图 1-5 所示。

文件(F)　编辑(E)　视图(V)　相机(C)　绘图(R)　工具(T)　窗口(W)　帮助(H)

图 1-5　菜单栏

（1）【文件】菜单

【文件】菜单如图 1-6 所示，下面介绍其中几个常用的命令。

【文件】菜单用于管理场景中的文件，包括【新建】、【打开】、【保存】、【打印】、【导入】和【导出】等常用命令。

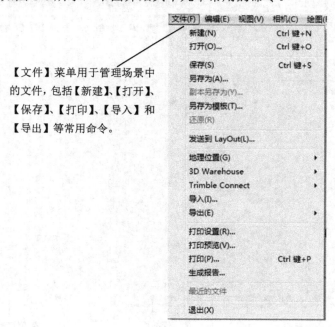

图 1-6　【文件】菜单

- 【新建】：快捷键为 Ctrl+N，执行该命令后将新建一个 SketchUp 文件，并关闭当前文件。如果用户没有对当前修改的文件进行保存，在关闭时将会得到提示。如果需要同时编辑多个文件，则需要打开另外的 SketchUp 应用窗口。

- 【打开】：快捷键为 Ctrl+O，执行该命令可以打开需要进行编辑的文件。同样，在打开时将提示是否保存当前文件。

- 【保存】：快捷键为 Ctrl+S，该命令用于保存当前编辑的文件。在 SketchUp 中也有自动保存设置。执行【窗口】|【系统设置】菜单命令，然后在弹出的【SketchUp 系统设置】对话框中选择【常规】选项，即可设置自动保存的间隔时间，如图 1-7 所示。

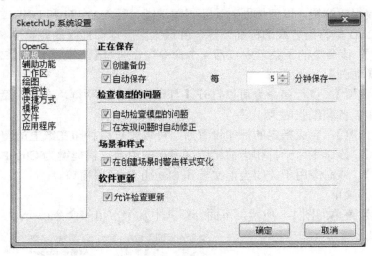

图 1-7　系统设置

　　　　打开一个 SKP 文件并操作了一段时间后，桌面出现阿拉伯数字命名的 SKP 文件。这可能是由于打开的文件未命名，并且没有关闭 SketchUp 的"自动保存"功能所造成的。可以在对文件进行命名保存之后再操作，也可以执行【窗口】|【偏好设置】菜单命令，然后在弹出的【SketchUp 系统设置】对话框中选择【常规】选项，接着禁用【自动保存】选项即可。

- 【另存为】：快捷键为 Ctrl+Shift+S，该命令用于将当前编辑的文件另行保存。

- 【副本另存为】：该命令用于保存过程文件，对当前文件没有影响。在保存重要步骤或构思时，非常便捷。此选项只有在对当前文件命名之后才能激活。

- 【另存为模板】：该命令用于将当前文件另存为一个 SketchUp 模板。

- 【还原】：执行该命令后将返回到最近一次的保存状态。
- 【发送到 LayOut】：执行该命令可以将场景模型发送到 LayOut 中进行图纸的布局与标注等操作。
- 【地理位置】：这个命令与上一个命令结合使用，可以在 Google 地图中预览模型场景。
- 【3D Warehouse】：该命令可以从网上的 3D 模型库中下载需要的 3D 模型，也可以将模型上传。
- 【导入】：该命令用于将其他文件插入 SketchUp 中，包括组件、图像、DWG／DXF 文件和 3DS 文件等。将图形导入作为 SketchUp 的底图时，可以考虑将图形的颜色修改得较鲜艳，以便描图时显示得更清晰。导入 DWG 和 DXF 文件之前，先在 AutoCAD 里将所有线的标高归零，并最大限度地保证线的完整度和闭合度。
- 【导出】：该命令的子菜单中包括 4 个命令，分别为【三维模型】、【二维图形】、【剖面】、【动画】。
- 【打印设置】：执行该命令可以打开【打印设置】对话框，在该对话框中设置所需的打印设备和纸张的大小。
- 【打印预览】：完成指定的打印设置后，可以预览将打印在纸上的图像。
- 【打印】：该命令用于打印当前绘图区显示的内容，快捷键为 Ctrl+P。
- 【退出】：该命令用于关闭当前文档和 SketchUp 应用窗口。

（2）【编辑】菜单

- 【编辑】菜单如图 1-8 所示，下面介绍其中几个常用的命令。

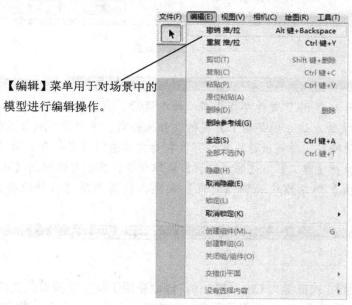

【编辑】菜单用于对场景中的
模型进行编辑操作。

图 1-8　【编辑】菜单

- 【取消】：执行该命令将返回上一步的操作，快捷键为 Ctrl+Z。

注意

只能撤销创建物体和修改物体的操作，不能撤销改变视
图的操作。

- 【重复】：该命令用于取消【还原】命令，快捷键为 Ctrl+Y。
- 【剪切】/【复剖】/【粘贴】：利用这 3 个命令可以让选中的对象在不同的 SketchUp
  程序窗口之间进行移动，快捷键依次为 Shift+Delete、Ctrl+C 和 Ctrl+V。
- 【原位粘贴】：该命令用于将复制的对象粘贴到原坐标。
- 【删除】：该命令用于将选中的对象从场景中删除，快捷键为 Delete。
- 【删除参考线】：该命令用于删除场景中所有的辅助线，快捷键为 Ctrl+Q。
- 【全选】：该命令用于选择场景中的所有可选物体，快捷键为 Ctrl+A。
- 【全部不选】：与【全选】命令相反，该命令用于取消对当前所有元素的选择，快
  捷键为 Ctrl+T。
- 【隐藏】：该命令用于隐藏所选物体，快捷键为 H。使用该命令可以帮助用户简化
  当前视图，或者方便对封闭的物体进行内部的观察和操作。
- 【取消隐藏】：该命令的子菜单中包含 3 个命令，分别是【选定项】、【最后】和【全
  部】。
- 【锁定】/【取消锁定】：【锁定】命令用于锁定当前选择的对象，使其不能被编辑；
  而【取消锁定】命令则用于解除对象的锁定状态。

（3）【视图】菜单

【视图】菜单如图 1-9 所示，下面介绍其中几个常用命令。

【视图】菜单包含了模型显示
的多个命令。

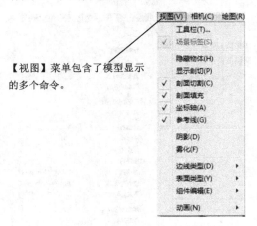

图 1-9 【视图】菜单

- 【工具栏】：该命令的子菜单中包含了 SketchUp 中的所有工具，启用这些命令，即
  可在绘图区中显示出相应的工具。

- 【场景标签】：该命令用于在绘图窗口的顶部激活页面标签。
- 【隐藏物体】：该命令可以将隐藏的物体以虚线的形式显示。
- 【显示剖切】：该命令用于显示模型的任意剖切面。
- 【剖面切割】：该命令用于显示模型的剖面。
- 【坐标轴】：该命令用于显示或者隐藏绘图区的坐标轴。
- 【参考线】：该命令用于查看建模过程中的辅助线。
- 【阴影】：该命令用于显示模型在地面的阴影。
- 【雾化】：该命令用于为场景添加雾化效果。
- 【边线类型】：该命令包含了 5 个子命令，如图 1-10 所示。

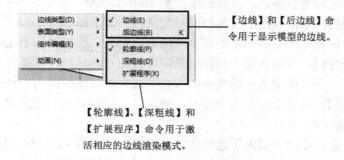

图 1-10　【边线类型】命令

- 【表面类型】：该命令包含了 6 种显示模式，分别为【X 光透视】模式、【线框显示】模式、【消隐】模式、【着色显示】模式、【贴图】模式和【单色显示】模式。
- 【组件编辑】：该命令包含的子命令用于改变编辑组件时的显示方式。

（4）【相机】菜单

【相机】菜单如图 1-11 所示，下面介绍其常用命令。

图 1-11　【相机】菜单

- 【上一个】：该命令用于返回翻看上次使用的视图。
- 【下一个】：在翻看上一视图之后，单击该命令可以往后翻看下一视图。
- 【标准视图】：SketchUp 提供了一些预设的标准角度的视图。
- 【平行投影】：该命令用于调用【平行投影】显示模式。
- 【透视显示】：该命令用于调用【透视显示】模式。
- 【两点透视】：该命令用于调用【两点透视】显示模式。
- 【匹配新照片】：执行该命令可以导入照片作为材质，对模型进行贴图。
- 【编辑匹配照片】：该命令用于对匹配的照片进行编辑修改。
- 【转动】：执行该命令可以对模型进行旋转查看。
- 【平移】：执行该命令可以对视图进行平移。
- 【缩放】：执行该命令后，按住鼠标左键在屏幕上进行拖动，可以进行实时缩放。
- 【视野】：执行该命令后，按住鼠标左键在屏幕上进行拖动，可以使视野变宽或者变窄。
- 【缩放窗口】：该命令用于放大窗口选定的元素。
- 【缩放范围】：该命令用于使场景充满视窗。
- 【背景充满视窗】：该命令用于使背景图片充满绘图窗口。
- 【定位相机】：该命令可以将相机精确放置到眼睛高度或者置于某个精确的点。
- 【漫游】：该命令用于调用【漫游】工具。
- 【观察】：执行该命令可以在相机的位置沿 Z 轴旋转显示模型。

（5）【绘图】菜单

【绘图】菜单如图 1-12 所示，主要包括【直线】、【圆弧】、【形状】和【沙箱】等命令，后面章节会详细介绍使用方法，这里不做介绍。

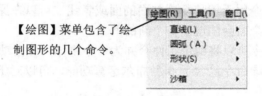

【绘图】菜单包含了绘制图形的几个命令。

图 1-12　【绘图】菜单

（6）【工具】菜单

【工具】菜单如图 1-13 所示。

- 【选择】：选择特定的实体，以便对实体进行其他命令的操作。
- 【删除】：该命令用于删除边线、辅助线和绘图窗口的其他物体。
- 【材质】：执行该命令将打开【材质】编辑器，用于为面或组件赋予材质。
- 【移动】：该命令用于移动、拉伸和复制几何体，也可以用来旋转组件。
- 【旋转】：执行该命令将在一个旋转面里旋转绘图要素、单个或多个物体，也可以选中一部分物体进行拉伸和扭曲。
- 【缩放】：执行该命令将对选中的实体进行缩放。

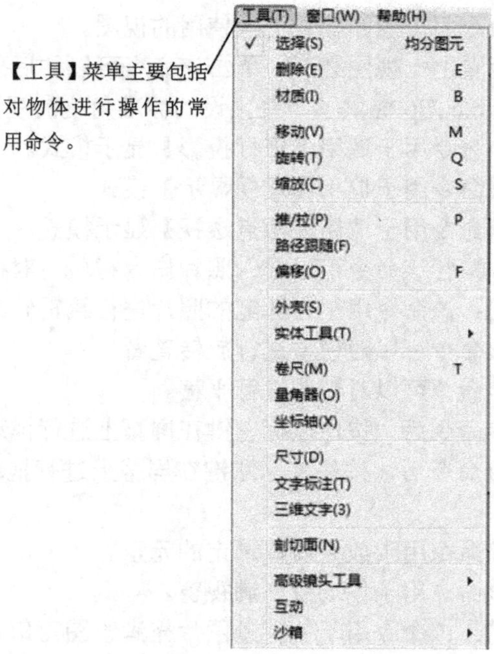

【工具】菜单主要包括对物体进行操作的常用命令。

图 1-13　【工具】菜单

- 【推 / 拉】：该命令用来雕刻三维图形中的面。根据几何体特性的不同，该命令可以移动、挤压、添加或者删除面。
- 【路径跟随】：该命令可以使面沿着某一连续的边线路径进行拉伸，使在绘制曲面物体时非常方便。
- 【偏移】：该命令用于偏移复制共面的面或者线，可以在原始面的内部和外部偏移边线，偏移一个面会创造出一个新的面。
- 【外壳】：该命令可以将两个组件合并为一个物体，并自动成组。
- 【实体工具】：该命令包含了 5 种布尔运算功能，可以对组件进行并集、交集和差集等运算。
- 【卷尺】：该命令用于绘制辅助测量线，使精确建模操作更简便。
- 【量角器】：该命令用于绘制一定角度的辅助量角线。
- 【坐标轴】：用于设置坐标轴，也可以进行修改，对绘制斜面物体非常有效。
- 【尺寸】：用于在模型中标示尺寸。
- 【文字标注】：用于在模型中输入文字。
- 【三维文字】：用于在模型中放置 3D 文字，可设置文字的大小和挤压厚度。
- 【剖切面】：用于显示物体的剖切面。
- 【高级镜头工具】：该命令包含创建相机，以及对相机的一些设置。
- 【互动】：通过设置组件属性，给组件添加多个属性，比如多种材质或颜色。运行动态组件时会根据不同属性进行动态化显示。
- 【沙箱】：该命令包含 5 个子命令，分别为【曲面起伏】、【曲面平整】、【曲面投射】、

【添加细部】和【对调角线】。

（7）【窗口】菜单

【窗口】菜单如图 1-14 所示，主要命令介绍如下。

【窗口】菜单中的命令代表着不同的编辑器和管理器，通过这些命令可以打开相应的浮动窗口，以便快捷地使用常用编辑器和管理器，而且各个浮动窗口可以相互吸附对齐。

图 1-14   【窗口】菜单

- 【图元信息】：选择该命令将弹出【图元信息】浏览器，用于显示当前选中实体的属性。
- 【材料】：选择该命令将弹出【材料】编辑器。
- 【组件】：选择该命令将弹出【组件】编辑器。
- 【风格】：选择该命令将弹出【风格】编辑器。
- 【图层】：选择该命令将弹出【图层】管理器。
- 【场景】：选择该命令将弹出【场景】管理器，用于突出当前场景。
- 【阴影】：选择该命令将弹出【阴影设置】对话框。
- 【雾化】：选择该命令将弹出【雾化】对话框，用于设置雾化效果。
- 【照片匹配】：选择该命令将弹出【照片匹配】对话框。
- 【柔化边线】：选择该命令将弹出【柔化边线】编辑器。
- 【工具向导】：选择该命令将弹出【向导】对话框。
- 【模型信息】：选择该命令将弹出【模型信息】管理器。
- 【系统设置】：选择该命令将弹出【系统属性】对话框，可以通过设置 SketchUp 的应用参数来为整个程序编写各种不同的功能。
- 【Ruby 控制台】：选择该命令将弹出【Ruby 控制台】对话框，用于编写 Ruby 命令。
- 【组件选项】/【组件属性】：这两个命令用于设置组件的属性，包括组件的名称、大小、位置和材质等。通过设置属性，可以实现动态组件的变化显示。

（8）【帮助】菜单

【帮助】菜单如图 1-15 所示，主要用来了解各部分的详细信息，以及进入访问多种插件和模型库的入口。

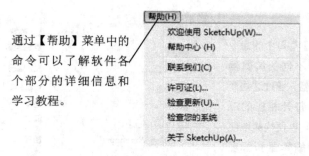

通过【帮助】菜单中的命令可以了解软件各个部分的详细信息和学习教程。

图 1-15　【帮助】菜单

3. 工具栏

工具栏包含了常用的工具，用户可以自定义这些工具的显隐状态或显示大小等，如图 1-16 所示。

4. 绘图区

绘图区又叫绘图窗口，占据了界面中最大的区域，在其中可以创建和编辑模型，也可以对视图进行调整。在绘图窗口中还可以看到绘图坐标轴，分别用红、黄、绿 3 色显示。

当激活绘图工具时，如果想取消鼠标处的坐标轴光标，可以执行【窗口】|【系统设置】菜单命令，然后在【SketchUp 系统设置】对话框的【绘图】选项中禁用【显示十字准线】复选框，如图 1-17 所示。

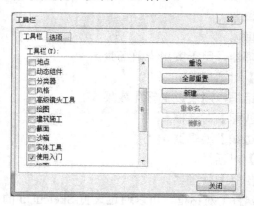

图 1-16　【工具栏】对话框

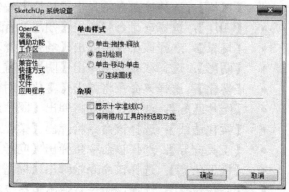

图 1-17　禁用【显示十字准线】复选框

5. 数值控制框

绘图区的左下方是数值控制框，这里会显示绘图过程中的尺寸信息，也可以接受键盘输入的数值。数值控制框支持所有的绘制工具，其工作特点如下。

（1）由鼠标拖动指定的数值会在数值控制框中动态显示。如果指定的数值不符合系统属性指定的数值精度，在数值前面会加上【～】符号，这表示该数值不够精确。

（2）用户可以在命令完成之前输入数值，也可以在命令完成后输入数值。输入数值后，按 Enter 确定。

（3）在当前命令仍然生效的时候（开始新的命令操作之前），可以持续不断地改变输入的数值。

（4）一旦退出命令，数值控制框就不会再对该命令起作用了。

（5）输入数值之前不需要单击数值控制框，可以直接在键盘上输入，数值控制框随时候命。

6. 状态栏

状态栏位于界面的底部，用于显示命令的提示和状态信息，是对命令的描述和操作提示，这些信息会随着对象的改变而改变。

1.2　视图操作

视图操作是 SketchUp 软件基本操作的重要组成部分，本节仅介绍视图操作的主要功能。

1.2.1　视图操作方法

SketchUp 默认为操作视图提供了一个透视图，其他的几种视图需要通过单击【视图】工具栏里相应的图标来完成，如图 1-18 所示。

图 1-18　视图工具

SketchUp 视图操作工具位于【使用入门】的工具条中，如图 1-19 所示。下面介绍一下主要视图操作工具的使用方法。

图 1-19　视图操作工具

（1）环绕观察工具

在工具栏中单击【转动】工具 ，然后把鼠标光标放在透视图视窗中，按住鼠标左键，通过对鼠标的拖动可以进行视窗内视点的旋转。通过旋转可以观察模型各个角度的情况。

（2）平移工具

在工具栏中单击【平移】工具 ，就可以在视窗中平行移动观察窗口。

（3）实时缩放工具

在工具栏中单击【实时缩放】工具 ，然后把鼠标光标移到透视图视窗中，按住鼠标左键不放，拖动鼠标就可以对视窗中的视角进行缩放。鼠标上移则放大，下移则缩小，由此可以随时观察模型的局部和全局状态。

（4）充满视窗工具

在工具栏中单击【充满视窗】工具 ，即可使场景中模型最大化显示于绘图区中。

1.2.2 视图操作应用案例

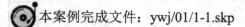 本案例完成文件：ywj/01/1-1.skp

多媒体教学路径：多媒体教学→第 1 章→第 2 节

1.2.2.1 案例分析

在使用 Sketchup 时，经常要用到视角的切换，好的视角能够给绘图带来巨大的方便。Sketchup 自身设立了等轴、俯视、主视、右视、后视、左视以及通过环绕观察自定义视角等视角视图，本节案例就视图操作做简单介绍。

1.2.2.2　案例操作

Step1 打开图形

① 选择【文件】|【打开】菜单命令，如图 1-20 所示。

② 打开文件。

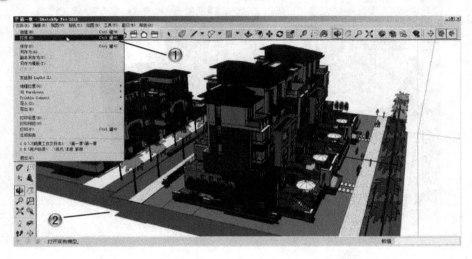

图 1-20　打开图形

Step2 旋转图形

① 选择大工具集中的【环绕观察】按钮，如图 1-21 所示。

② 在绘图区中，进行旋转预览图形。

图 1-21　预览图形

！Step3 平移视图

① 选择大工具集中的【平移】按钮，如图 1-22 所示。

② 在绘图区中，进行平移预览图形。

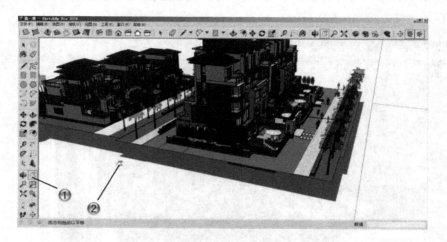

图 1-22　平移图形

 提示：

使用鼠标的滚轴可以放大缩小图形视图范围。

！Step4 缩放视图

① 选择大工具集中的【缩放】按钮，如图 1-23 所示。

② 在绘图区中，单击鼠标左键进行拖动缩放视图范围。

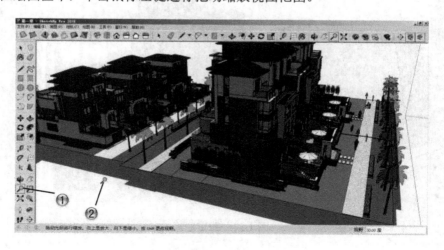

图 1-23　缩放图形

Step5 缩放窗口

① 选择大工具集中的【缩放窗口】按钮，如图 1-24 所示。

② 在绘图区中，单击鼠标左键选择需要放大的视图范围。

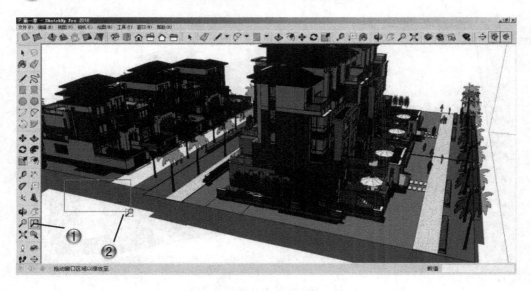

图 1-24　缩放窗口

Step6 充满视窗

① 选择大工具集中的【充满视窗】按钮，单击鼠标左键即可将视图充满视窗，如图 1-25 所示。

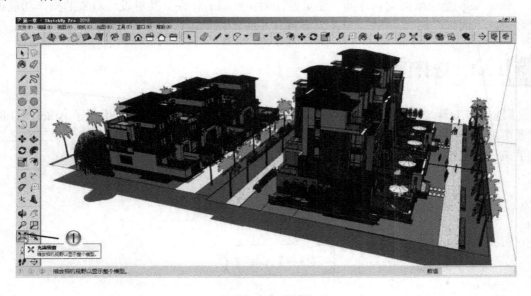

图 1-25　充满视窗

Step7 恢复上一个视图

①选择大工具集中的【上一个】按钮，单击鼠标左键即可将视图恢复上一步的操作，如图 1-26 所示。

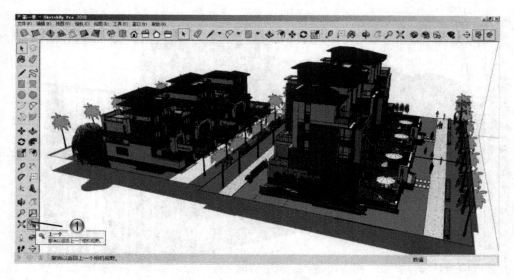

图 1-26　恢复上一步视图窗口

1.3　图形操作

SketchUp 是一款面向设计师、注重设计创作过程的软件，其对设计对象的操作功能也很强大。下面来介绍一下 SketchUp 对象操作中关于图形操作的主要方法。

1.3.1　选择图形

【选择】工具（见图 1-27）用于给其他工具命令指定操作的实体，用惯了 AutoCAD 的读者可能会不习惯。建议将空格键定义为【选择】工具的快捷键，养成用完其他工具之后随手按一下空格键的习惯，这样就会自动进入选择状态。

图 1-27　【选择】工具

使用【选择】工具选取物体的方式有 4 种：点选、窗选、框选和使用鼠标右键关联选择。

（1）点选

点选方式就是在物体元素上单击鼠标左键进行选择，选择一个面时，如果双击该面，将同时选中这个面和构成面的线。如果在一个面上单击 3 次以上，那么将选中与这个面相连的所有面、线和被隐藏的虚线（组和组件不包括在内）。

（2）窗选

窗选的方式为从左往右拖动鼠标，只有完全包含在矩形选框内的实体，才能被选中，选框是实线。

（3）框选

框选的方式为从右往左拖动鼠标，这种方式选择的图形包括选框内和选框所接触的所有实体，选框呈虚线显示。

（4）右键关联选取

激活【选择】工具后，在某个物体元素上用鼠标右键单击，将会弹出一个菜单，执行【选择】命令可以进行扩展选择，如图 1-28 所示。

图 1-28　【选择】菜单命令

使用【选择】工具 并配合键盘上相应的按键也可以进行不同的选择。

激活【选择】工具 后，按住 Ctrl 键可以进行加选，此时鼠标的形状变为 。

激活【选择】工具 后，按住 Shift 键可以交替加减选择物体，此时鼠标的形状变为 。

激活【选择】工具 后，同时按住 Ctrl 键和 Shift 键可以进行减选，此时鼠标的形状变为 。

（5）取消选择

如果要取消当前的所有选择，可以在绘图窗口的任意空白区域单击，也可以选择【编辑】|【全部不选】菜单命令（见图 1-29），或者使用 Ctrl+T 组合键。

图 1-29　【编辑】|【全部不选】菜单命令

1.3.2　删除图形

下面介绍删除图形和隐藏边线的方法。

（1）删除

删除图形主要使用【擦除】工具，如图 1-30 所示。

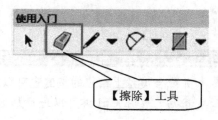

图 1-30　【擦除】工具

单击【擦除】工具后，单击想要删除的几何体即可将其删除。如果按住鼠标左键不放，然后在需要删除的物体上拖曳，此时被选中的物体会呈高亮显示，松开鼠标左键即可全部删除。如果偶然选中了不想删除的几何体，可以在删除之前按 Esc 键取消这次删除操作。当鼠标移动过快时，可能会漏掉一些线，这时只需重复删除操作即可。

☆提示：

　　如果要删除大量的线，更快的方法是先用【选择】工具▶进行选择，然后按 Delete 键删除。

（2）隐藏边线

使用【擦除】工具 的同时按住 Shift 键，将不再是删除几何体，而是隐藏边线。

（3）柔化边线

使用【擦除】工具 的同时按住 Ctrl 键，将不再是删除几何体，而是柔化边线。

（4）取消柔化效果

使用【擦除】工具 的同时按住 Ctrl 键和 Shift 键，就可以取消柔化效果。

1.4   本章小结

本章主要学习了 SketchUp 的工作界面操作，使读者可以在绘图中很方便地找到所需要的工具，同时学习了观察模型和对象操作的方法与技巧。这些都是在绘图过程中经常用到的。

1.5   课后练习

1.5.1   填空题

（1）SketchUp 2018 的初始工作界面主要由_____、_____、【工具栏】、【绘图区】、【状态栏】和_____构成。

（2）工具栏包含了常用的工具，用户可以自定义这些工具的_____或_____ 等。

答案：

（1）【标题栏】，【菜单栏】，【数值控制框】。

（2）显隐状态，显示大小。

1.5.2   问答题

（1）【表面类型】包含了哪 6 种显示模式？

（2）【选择】工具选取物体的方式有哪些？

答案：

（1）【表面类型】命令包含了 6 种显示模式，分别为【X 光透视】模式、【线框显示】模式、【消隐】模式、【着色显示】模式、【贴图】模式和【单色显示】模式。

（2）【选择】工具选取物体的方式有 4 种，包括点选、窗选、框选以及使用鼠标右键关联选择。

1.5.3 操作题

使用本章学过的命令对如图 1-31 所示建筑草图模型进行操作。

图 1-31 建筑草图模型

 练习内容：

（1）选择打开草图模型。

（2）进行视图操作。

（3）进行对象操作。

第 2 章　绘制基本图形

 **本章导读**

　　"工欲善其事，必先利其器"，在选择使用 SketchUp 软件创建模型之前，必须熟练掌握 SketchUp 的一些基本工具和命令，包括线、多边形、圆形、矩形等基本形体的绘制，通过推拉、缩放等基础命令生成三维物体、块等操作。

　　本章主要介绍通过绘制二维图形、三维图形以及模型操作等功能建立基本的模型。

学习要求	知识点 \ 学习目标	了解	理解	应用	实践
	绘制二维图形	√	√	√	√
	绘制三维图形	√	√	√	√
	模型操作	√	√	√	

2.1 绘制二维图形

二维绘图是 SketchUp 绘图的基础，复杂的图形都可以由简单的点、线构成，本节介绍的二维基本绘图方法包括点、线、圆和圆弧等，SketchUp 也可以直接绘制矩形和正多边形，下面进行具体介绍。

2.1.1 二维绘图工具介绍

二维图形工具可以在菜单栏中选择【绘图】的菜单命令，或者在【大工具集】工具栏中进行选择，如图 2-1 所示。

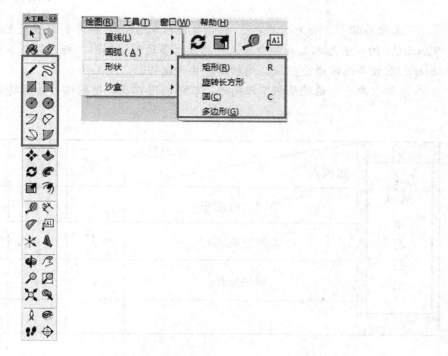

图 2-1　选择绘图工具

2.1.2 主要工具使用方法

下面介绍主要二维绘图工具的使用方法。

1．矩形工具

执行【矩形】命令主要有以下几种方式：

- 在菜单栏中，选择【绘图】|【形状】|【矩形】菜单命令。
- 直接从键盘输入 R 键。
- 单击大工具集工具栏中的【矩形】按钮 ⬚。

在绘制矩形时，如果出现了一条虚线，并且带有【正方形】提示，则说明绘制的为正方形；如果出现【黄金分割】的提示，则说明绘制的是带黄金分割的矩形，如图 2-2 所示。

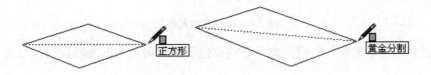

图 2-2　绘制矩形

如果想要绘制的矩形不与默认的绘图坐标轴对齐，可以在绘制矩形前使用【工具】|【坐标轴】菜单命令重新放置坐标轴。

绘制矩形时，它的尺寸会在数值输入框中动态显示，用户可以在确定第一个角点或者刚绘制完矩形后，通过键盘输入精确的尺寸。除了输入数字外，用户还可以输入相应的单位，例如英制的（2'、8"）或者 mm 等单位。

 提示：

没有输入单位时，ShetchUp 会使用当前默认的单位。

2．线条工具

执行【线条】命令主要有以下几种方式：

- 在菜单栏中，选择【绘图】|【直线】|【直线】菜单命令。
- 直接从键盘输入 L 键。
- 单击大工具集工具栏中的【直线】按钮 ✏。

绘制 3 条以上的共面线段首尾相连就可以创建一个面，在闭合一个表面时，可以看到【端点】提示。如果是在着色模式下，成功创建一个表面后，新的面就会显示出来，如图 2-3 所示。

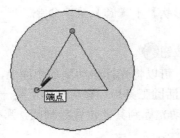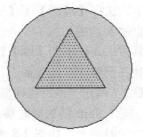

图 2-3　在面上绘制线

如果在一条线段上拾取一点作为起点绘制直线，那么这条新绘制的直线会自动将原来的线段从交点处断开，如图 2-4 所示。

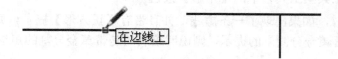

图 2-4　拾取点绘制直线

如果要分割一个表面，只需绘制一条端点位于表面周边上的线段即可，如图 2-5 所示。

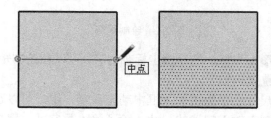

图 2-5　绘制直线分割面

有时候，交叉线不能按照用户的需要进行分割，例如分割线没有绘制在表面上。在打开轮廓线的情况下，所有不是表面周边上的线都会显示为较粗的线。如果出现这样的情况，可以使用【线】工具 ✏ 在该线上绘制一条新的线来进行分割。SketchUp 会重新分析几何体并整合这条线，如图 2-6 所示。

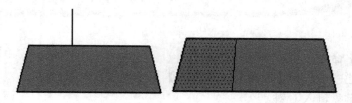

图 2-6　绘制直线分割面

3. 圆工具

执行【圆】命令主要有以下几种方式：

- 在菜单栏中，选择【绘图】|【形状】|【圆】菜单命令。
- 直接从键盘输入 C 键。
- 单击大工具集工具栏中的【圆】按钮 ⬤ 。

如果要将圆绘制在已经存在的表面上，可以将光标移动到那个面上，SketchUp 会自动将圆进行对齐，如图 2-7 所示。也可以在激活圆工具后，移动光标至某一表面，当出现【在表面上】的提示时，按住 Shift 键的同时移动光标到其他位置绘制圆，那么这个圆会被锁定在与刚才那个表面平行的面上，如图 2-8 所示。

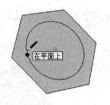

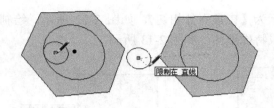

图 2-7　在平面上绘制圆　　　　　　　　图 2-8　移动绘制平面

　　一般完成圆的绘制后便会自动封面，如果将面删除，就会得到圆形边线。如想要对单独的圆形边线进行封面，可以使用【直线】工具 ✏ 连接圆上的任意两个端点，如图 2-9 所示。

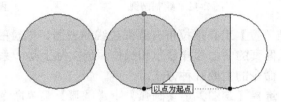

图 2-9　使用直线分割圆面

　　用鼠标右键单击圆，在弹出的菜单中执行【模型信息】命令，打开【图元信息】对话框，在该对话框中可以修改圆的参数，如图 2-10 所示。

图 2-10　【图元信息】对话框

4．圆弧工具

（1）执行【两点圆弧】命令的主要几种方式。

- 在菜单栏中，选择【绘图】｜【圆弧】｜【两点圆弧】菜单命令。
- 直接从键盘输入 A 键。
- 单击大工具集工具栏中的【两点圆弧】按钮 ◁。

在绘制两点圆弧，调整圆弧的凸出距离时，圆弧会临时捕捉到半圆的参考点，如图 2-11 所示。

　　在绘制圆弧时，数值控制框首先显示的是圆弧的弦长，然后是圆弧的凸出距离，用户可以输入数值来指定弦长和凸距。圆弧的半径和段数的输入需要专门的格式。

　　使用【圆弧】工具可以绘制连续圆弧线，如果弧线以青色显示，则表示与原弧线相切，出现的提示为【在顶点处相切】，如图 2-12 所示。绘制好这样的异形弧线以后，可以进行推拉，形成特殊形体，如图 2-13 所示。

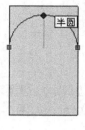
图 2-11 圆弧的半径

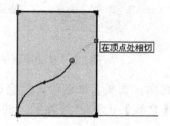
图 2-12 绘制圆弧

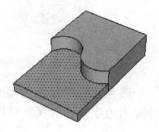
图 2-13 推拉绘图

用户可以利用【推／拉】工具推拉带有圆弧边线的表面，推拉的表面成为圆弧曲面系统。虽然曲面系统可以像真的曲面那样显示和操作，但实际上是一系列平面的集合。

（2）执行【圆弧】命令的主要几种方式。

- 在菜单栏中，选择【绘图】｜【圆弧】｜【圆弧】菜单命令。
- 单击大工具集工具栏中的【圆弧】按钮 ╱ 。

绘制圆弧，确定圆心位置与半径距离，绘制圆弧角度，如图 2-14 所示。

（3）执行【扇形】命令的主要几种方式。

- 在菜单栏中，选择【绘图】｜【圆弧】｜【扇形】菜单命令。
- 单击大工具集工具栏中的【扇形】按钮 ╱ 。

绘制扇形，确定圆心位置与半径距离，绘制圆弧角度，确定圆弧角度之后所绘制的是封闭的圆弧面，如图 2-15 所示。

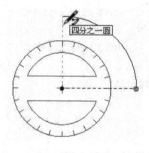
图 2-14 圆弧角度

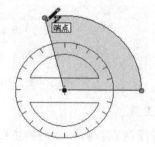
图 2-15 绘制扇形

★ 提示

绘制弧线（尤其是连续弧线）的时候常常会找不准方向，可以通过设置辅助面，然后在辅助面上绘制弧线来解决。

5. 多边形工具

执行【多边形】命令主要有以下几种方式：

- 在菜单栏中，选择【绘图】|【形状】|【多边形】菜单命令。
- 单击大工具集工具栏中的【多边形】按钮 。

使用【多边形】工具 ，在输入框中输入 6，然后单击鼠标左键确定圆心的位置，移动鼠标调整圆的半径，也可以直接输入一个半径数值，再次单击鼠标左键确定完成绘制，如图 2-16 所示。

6. 手绘线工具

执行【手绘线】命令主要有以下几种方式：

- 在菜单栏中，选择【绘图】|【直线】|【手绘线】菜单命令。
- 单击大工具集工具栏中的【手绘线】按钮 。

曲线可放置在现有的平面上，或与现有的几何图形相独立（与轴平面对齐）。要绘制曲线，可选择手绘线工具。光标变为一支带曲线的铅笔，单击并按住放置曲线的起点，拖动光标开始绘图，如图 2-17 所示。

松开鼠标按键停止绘图。如果将曲线终点设在绘制起点处即可绘制闭合形状，如图 2-18 所示。

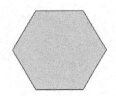 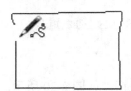 

图 2-16　多边形　　　　　图 2-17　手绘线工具　　　　图 2-18　完成绘制手绘线

2.1.3　二维图形绘制应用案例

本案例完成文件：ywj/02/2-1.skp

多媒体教学路径：多媒体教学→第 2 章→第 1 节

2.1.3.1　案例分析

草图大师软件在设计师的工作中已经使用得越来越广泛，虽然这个软件看起来很简单，但是其强大的功能也是无可估量的。当然，只要懂得了入门技巧，后期的深奥之处读者可以自己再去慢慢摸索，这里从最简单的图形绘制开始讲解。

2.1.3.2 案例操作

Step1 绘制矩形

① 选择大工具集中的【矩形】按钮，如图 2-19 所示。

② 在绘图区中，绘制矩形，尺寸为 19000mm、17000mm。

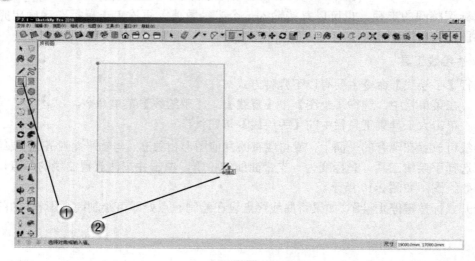

图 2-19 绘制矩形

Step2 绘制直线

① 选择大工具集中的【直线】按钮，如图 2-20 所示。

② 在绘图区中，绘制直线。

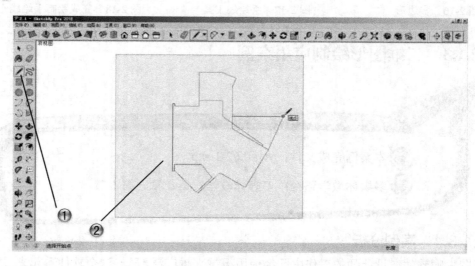

图 2-20 绘制直线

Step3 绘制矩形

① 选择大工具集中的【矩形】按钮，如图 2-21 所示。

② 在绘图区中，绘制矩形。

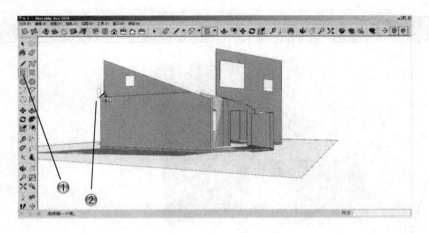

图 2-21　绘制矩形

提示

　　使用矩形工具，可以绘制单面，之后进行立体图形绘制。

Step4 绘制直线

① 选择大工具集中的【直线】按钮，如图 2-22 所示。

② 在绘图区中，绘制直线。

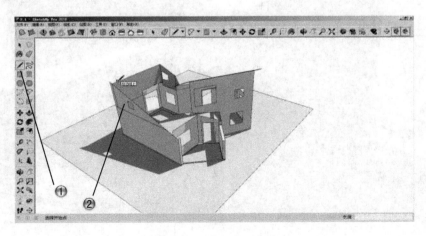

图 2-22　绘制直线

Step5 推拉图形

① 选择大工具集中的【推拉】按钮，如图 2-23 所示。
② 在绘图区中，推拉图形。

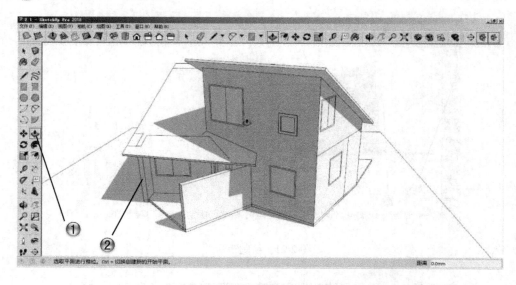

图 2-23　推拉图形

Step6 绘制圆形

① 选择大工具集中的【圆】按钮，如图 2-24 所示。
② 在绘图区中，绘制圆形。

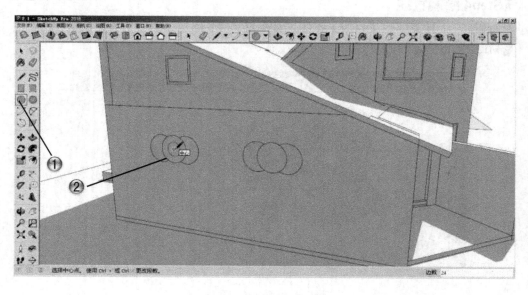

图 2-24　绘制圆形

Step7 绘制圆弧

①选择大工具集中的【圆弧】按钮，如图 2-25 所示。

②在绘图区中，绘制圆弧。这样，案例制作完成，得到的最终效果如图 2-26 所示。

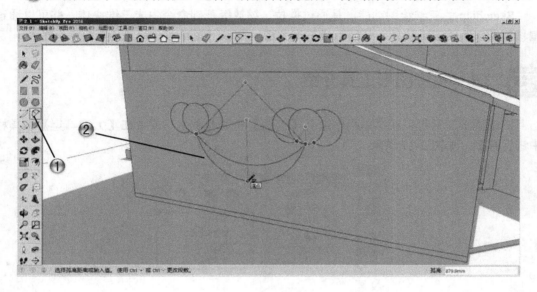

图 2-25　绘制圆弧

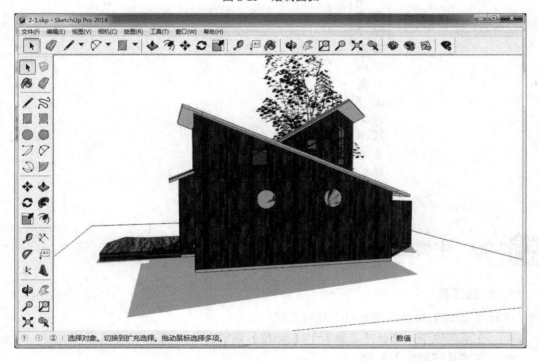

图 2-26　最终效果

2.2 绘制三维图形

SketchUp 的三维绘图功能，是通过推拉、缩放等基础命令生成三维块体，并可以通过偏移复制来编辑三维块体，从而形成三维图形模型，下面详细介绍其功能命令。

2.2.1 三维图形工具介绍

三维图形工具可以在菜单栏中选择【绘图】的菜单命令，或者在【大工具集】工具栏中进行选择，如图 2-27 所示。

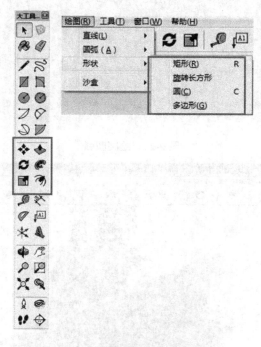

图 2-27   三维图形工具

2.2.2 主要工具使用方法

1. 推/拉工具

执行【推/拉】命令主要有以下几种方式：

- 在菜单栏中，选择【工具】|【推/拉】菜单命令。
- 直接从键盘输入 P 键。
- 单击大工具集工具栏中的【推/拉】按钮 。

根据推拉对象的不同，SketchUp 会进行相应的几何变换，包括移动、挤压和挖空。【推／拉】工具 🔶 可以完全配合 SketchUp 的捕捉参考进行使用。使用【推／拉】工具 🔶 推拉平面时，推拉的距离会在数值控制框中显示。用户可以在推拉的过程中或完成推拉后输入精确的数值进行修改，在进行其他操作之前可以一直更新该数值。如果输入的是负值，则表示将往当前的反方向推拉。

【推/拉】工具 🔶 的挤压功能可以用来创建新的几何体，如图 2-28 所示。用户可以使用【推/拉】工具 🔶 对几乎所有的表面进行挤压（不能挤压曲面）。

【推/拉】工具 🔶 还可以用来创建内部凹陷或挖空的模型，如图 2-29 所示。

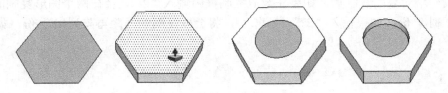

图 2-28　推/拉工具　　　　　　　　图 2-29　推/拉后结果

使用【推/拉】工具 🔶 并配合键盘上的按键可以进行一些特殊的操作。配合 Alt 键可以强制表面在垂直方向上推拉，否则会挤压出多余的模型，如图 2-30 所示。

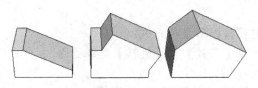

图 2-30　不同推/拉工具的效果对比

⭐提示

【推/拉】工具 🔶 只能作用于表面，因此不能在【线框显示】模式下工作。按住 Alt 键的同时进行推拉可以使物体变形，也可以避免挤出不需要的模型。

2. 物体的移动/复制

执行【移动】命令主要有以下几种方式：

* 在菜单栏中，选择【工具】|【移动】菜单命令。
* 直接从键盘输入 M 键。
* 单击大工具集工具栏中的【移动】按钮 ✥。

使用【移动】工具 ✥ 移动物体的方法非常简单，只需选择需要移动的元素或物体，然后激活【移动】工具 ✥，接着移动鼠标即可。在移动物体时，会出现一条参考线；另外，在数值控制框中会动态显示移动的距离（也可以输入移动数值或者三维坐标值进行精确移动）。

在进行移动操作之前或移动的过程中，可以按住 Shift 键来锁定参考。这样可以避免参考捕捉受到别的几何体干扰。

在移动对象的同时按住 Ctrl 键就可以复制选择的对象（按住 Ctrl 键后，鼠标指针右上角会多出一个"＋"号）。

完成一个对象的复制后，如果在数值控制框中输入"2/"，会在两个图形复制间距中间位置再复制 1 份；如果输入"2*"或"2×"，将会以复制的间距再阵列出 1 份，如图 2-31 所示。

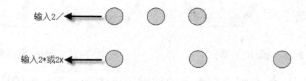

图 2-31   复制

3. 物体的旋转

执行【旋转】命令主要有以下几种方式：

- 在菜单栏中，选择【工具】｜【旋转】菜单命令。
- 直接从键盘输入 Q 键。
- 单击大工具集工具栏中的【旋转】按钮 ⟳。

打开图形文件，利用 SketchUp 的参考提示可以精确定位旋转中心。如果启用了【角度捕捉】功能，将会根据设置好的角度进行旋转，如图 2-32 所示。

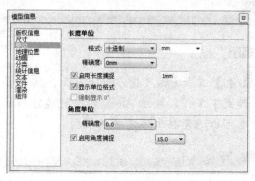

图 2-32   模型信息

使用【旋转】工具 ⟳ 并配合 Ctrl 键可以在旋转的同时复制物体。

4. 图形的路径跟随

执行【路径跟随】命令主要有以下几种方式：

- 在菜单栏中，选择【工具】|【路径跟随】菜单命令。
- 单击大工具集工具栏中的【路径跟随】按钮 。

SketchUp 中的【跟随路径】工具 类似于 3ds Max 中的放样命令，可以将截面沿已知路径放样，从而创建复杂几何体。

★ 提示

为了使【跟随路径】工具 从正确的位置开始放样，在放样开始时，必须单击邻近剖面的路径。否则，【跟随路径】工具 会在边线上挤压，而不是从剖面到边线。

5. 物体的缩放

执行【缩放】命令主要有以下几种方式：

- 在菜单栏中，选择【工具】|【缩放】菜单命令。
- 直接从键盘输入 S 键。
- 单击大工具集工具栏中的【缩放】按钮 。

使用【缩放】工具 可以缩放或拉伸选中的物体，方法是在激活【缩放】工具 后，通过移动缩放夹点来调整所选几何体的大小，不同的夹点支持不同的操作。

在拉伸的时候，数值控制框会显示缩放比例，用户也可以在完成缩放后输入一个数值，数值的输入方式有 3 种。

- 输入缩放比例

直接输入不带单位的数字，例如 2.5 表示缩放 2.5 倍、-2.5 表示往夹点操作方向的反方向缩放 2.5 倍。缩放比例不能为 0。

- 输入尺寸长度

输入一个数值并指定单位，例如，输入 2m 表示缩放到 2 米。

- 输入多重缩放比例

一维缩放需要一个数值；二维缩放需要两个数值，用逗号隔开；等比例的三维缩放也只需要一个数值，但非等比的三维缩放却需要 3 个数值，分别用逗号隔开。

6. 图形的偏移复制

执行【路径跟随】命令主要有以下几种方式：

- 在菜单栏中，选择【工具】|【偏移】菜单命令。
- 直接从键盘输入 F 键。
- 单击大工具集工具栏中的【偏移】按钮 。

线的偏移方法和面的偏移方法大致相同，唯一需要注意的是，选择线的时候必须选择两条以上相连的线，而且所有的线必须处于同一平面上，如图 2-33 所示中的台阶属于偏移操作。

图 2-33　台阶偏移

对于选定的线，通常使用【移动】工具 （快捷键为 M 键）并配合 Ctrl 键进行复制，复制时可以直接输入复制距离。而对于两条以上连续的线段或者单个面，可以使用【偏移】工具 （快捷键为 F 键）进行复制。

2.2.3　三维图形绘制应用案例

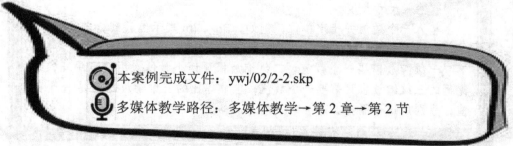

本案例完成文件：ywj/02/2-2.skp

多媒体教学路径：多媒体教学→第 2 章→第 2 节

2.2.3.1　案例分析

本案例是进行绘制三维模型的练习，主要是对一个小型的建筑模型进行建模，包括三维的拉伸，绘制墙体、门窗等。

2.2.3.2 案例操作

Step1 绘制矩形

① 创建新文件后，单击大工具集工具栏中的【矩形】按钮，如图 2-34 所示。

② 绘制 10000mm×10000mm 的矩形。

③ 单击【矩形】按钮，按照图中尺寸绘制矩形。

④ 单击【推拉】按钮，将矩形向上推拉 300mm。

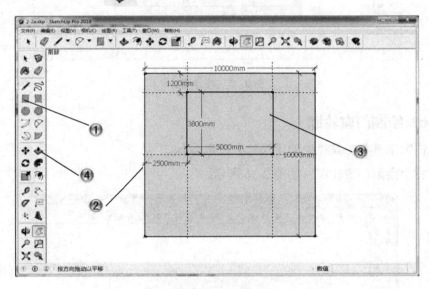

图 2-34　绘制矩形

 提示

在绘制草图时，绘制直线、圆形等图形时，可以在其选项组中进行参数设置。

Step2 创建墙体

① 单击大工具集工具栏中的【偏移】按钮，将矩形顶面向内偏移 100mm。

② 单击【推拉】按钮。

③ 将内部矩形向上推拉 4000mm，如图 2-35 所示。

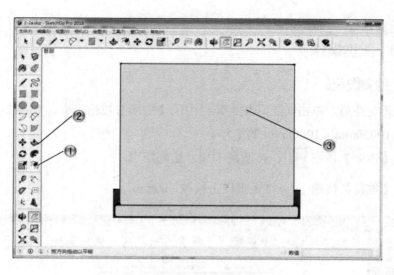

图 2-35　创建墙体

Step3 绘制门窗轮廓

① 单击大工具集工具栏中的【尺寸】按钮 ⚒ 。

② 在首层绘制门窗轮廓，如图 2-36 所示。

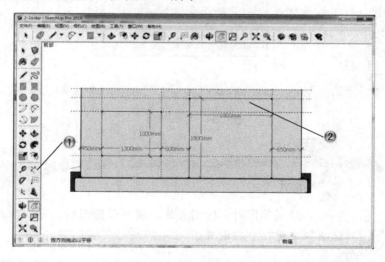

图 2-36　绘制首层门窗轮廓

Step4 绘制门窗框

① 单击大工具集工具栏中的【移动】按钮 ✛ ，选择门、窗框轮廓并移动至外侧。

② 单击【偏移】按钮 🖉 ，将门窗图形向内偏移 40mm。

③ 绘制矩形，内部尺寸均为 40mm，如图 2-37 所示。

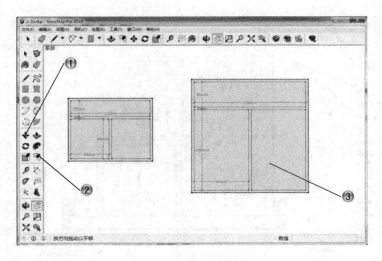

图 2-37　创建首层门窗

Step5　绘制出门窗模型

① 单击大工具集工具栏中的【偏移】按钮 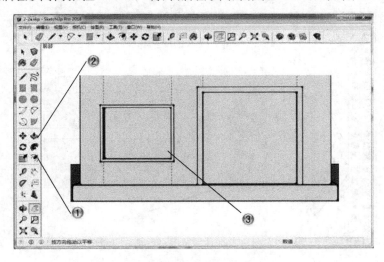，将首层窗户轮廓向外偏移 50mm。

② 单击【推拉】按钮 。

③ 将内部矩形向内推拉 70mm，将外部矩形向外推拉 40mm，如图 2-38 所示。

图 2-38　偏移推拉首层门窗

Step6　绘制二层窗轮廓

① 单击大工具集工具栏中的【尺寸】按钮 ，绘出二层窗户尺寸。

② 单击【矩形】按钮 和【圆弧】按钮 。

③ 按照所给尺寸绘制窗户轮廓，如图 2-39 所示。

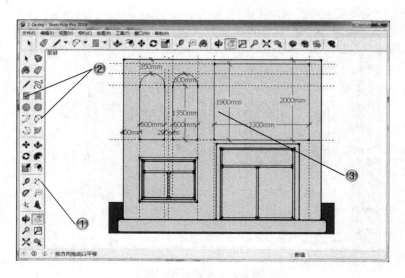

图 2-39 绘制二层窗户轮廓

!Step7 绘制二层窗框

① 单击【偏移】按钮 ，将外部轮廓统一向内偏移 40mm。

② 单击【尺寸】按钮 ，绘出所需图形尺寸，内部尺寸均为 30mm。

③ 单击【矩形】按钮 和【圆弧】按钮 绘制图形，如图 2-40 所示。

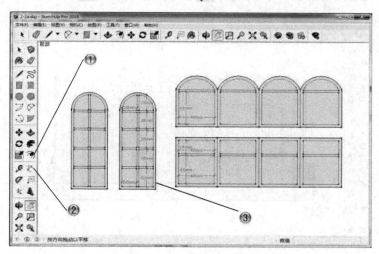

图 2-40 绘制二层窗子

!Step8 绘制二层窗模型

① 单击大工具集工具栏中的【推拉】按钮 。

② 将绘好的窗框外部矩形向外推拉 50mm，内部窗框向外推拉 30mm，将二层窗框轮廓向内推拉 80mm，如图 2-41 所示。

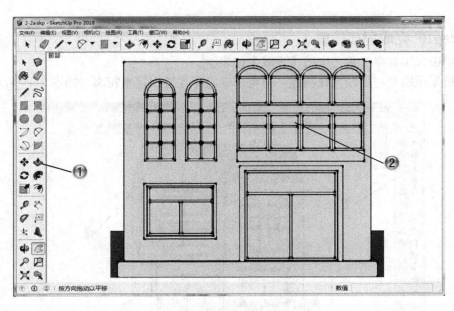

图 2-41 推拉移动二层窗户

Step9 绘制屋顶轮廓辅助线

① 单击大工具集工具栏中的【卷尺】按钮 ✐。

② 在屋顶上绘出中心线，将两个中心线垂直于屋顶向上分别移动 1400mm、1200mm

绘出辅助线，如图 2-42 所示。

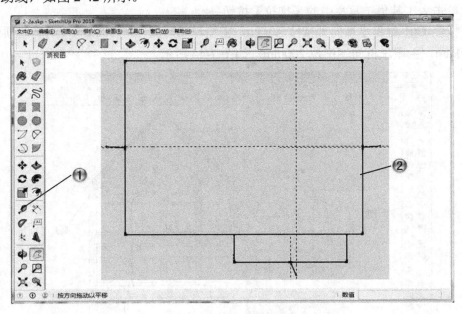

图 2-42 创建屋顶轮廓

Step10 完成屋顶轮廓

① 单击大工具集工具栏中的【直线】按钮✐。

② 将屋顶四角与所绘直线相连，再将两端点相连绘出屋顶轮廓，如图 2-43 所示。

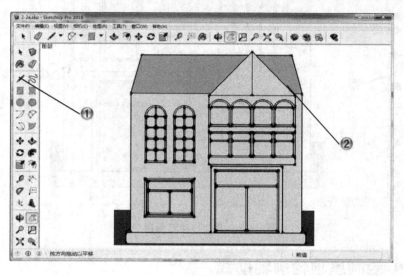

图 2-43 创建屋顶

Step11 绘制屋顶模型

① 单击大工具集工具栏中的【推拉】按钮◆。

② 按住 Ctrl 键将屋顶向外推拉 40mm，主屋顶向两侧推拉 200mm，附属屋顶向正面推拉 200mm，主屋顶再向下推拉 200mm，如图 2-44 所示。

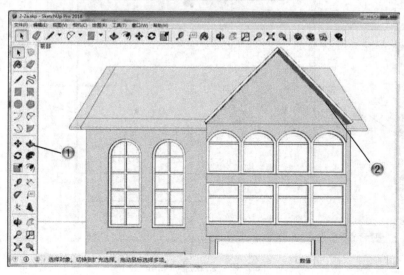

图 2-44 推拉调整屋顶

Step12　绘制台阶轮廓

① 单击大工具集工具栏中的【尺寸】按钮 ✎。

② 绘出台阶所需尺寸。

③ 单击【直线】按钮 ✎ 绘制台阶图形，如图 2-45 所示。

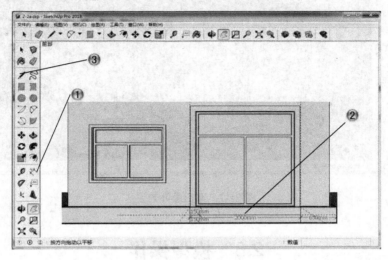

图 2-45　绘制台阶图形

Step13　绘制台阶模型，完成案例绘制

① 单击大工具集工具栏中的【推拉】按钮 ◆。

② 将台阶由上至下分别向外推拉 150mm、300mm，如图 2-46 所示，这样就完成了房屋模型绘制。最后将其赋上材质并进行渲染和后期处理，得到最终效果，如图 2-47 所示。

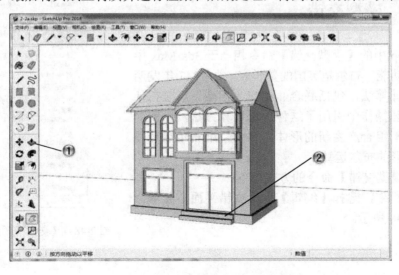

图 2-46　推拉创建台阶

图 2-47　案例最终效果

2.3　模型操作

绘制完成三维图形的模型后，通常要对模型进行修饰或修改操作，本节主要讲解相交平面、实体工具和照片匹配等的模型操作方法。

2.3.1　模型交错

SketchUp 中的【模型交错】命令相当于 3ds Max 中的布尔运算功能。布尔是英国的数学家，在 1847 年发明了逻辑数学计算法，包括联合、相交、相减。后来在计算机图形处理操作中引用了这种逻辑运算方法，以使简单的基本图形组合产生新的形体，并由二维布尔运算发展到三维图形的布尔运算。

执行【模型交错】命令的方式如下：

在菜单栏中，选择【编辑】|【交错平面】菜单命令，如图 2-48 所示。

图 2-48　【交错平面】菜单命令

2.3.2 实体工具

执行【实体工具】命令的方式如下：

在菜单栏中，选择【视图】|【工具栏】|【实体工具】菜单命令；或者在菜单栏中，选择【工具】|【实体工具】菜单命令，这样就打开了实体工具栏，如图 2-49 所示，下面介绍其中主要的工具。

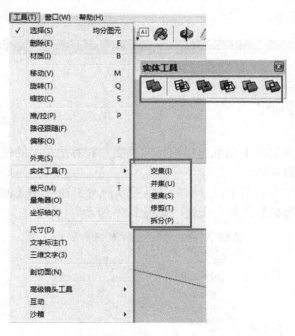

图 2-49 【实体工具】命令

- 【实体外壳】工具用于对指定的几何体加壳，使其变成一个群组或者组件。
- 【相交】工具用于保留相交的部分，删除不相交的部分。
- 【联合】工具用来将两个物体合并，相交的部分将被删除，运算完成后两个物体将成为一个物体。
- 使用【减去】工具的时候同样需要选择第一个物体和第二个物体，完成选择后将删除第一个物体，并在第二个物体中减去与第一个物体重合的部分，只保留第二个物体剩余的部分。

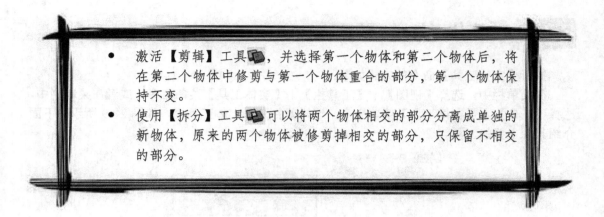

- 激活【剪辑】工具，并选择第一个物体和第二个物体后，将在第二个物体中修剪与第一个物体重合的部分，第一个物体保持不变。
- 使用【拆分】工具可以将两个物体相交的部分分离成单独的新物体，原来的两个物体被修剪掉相交的部分，只保留不相交的部分。

2.3.3 照片匹配

SketchUp 的【照片匹配】功能可以根据实景照片计算出相机的位置和视角，然后在模型中创建与照片相似的环境。

关于照片匹配的命令有两个，分别是【匹配新照片】命令和【编辑匹配照片】命令，这两个命令可以在【相机】菜单中找到，如图 2-50 所示。

图 2-50　匹配新照片

当视图中不存在照片匹配时，【编辑匹配照片】命令将显示为灰色状态，这时不能使用该命令，当一个照片匹配后，【编辑匹配照片】命令才能被激活。用户在新建照片匹配时，将弹出【照片匹配】对话框，如图 2-51 所示。

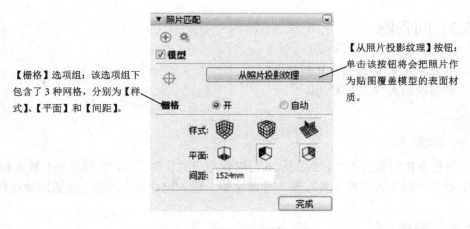

图 2-51　【照片匹配】对话框

【栅格】选项组：该选项组下包含了 3 种网格，分别为【样式】、【平面】和【间距】。

【从照片投影纹理】按钮：单击该按钮将会把照片作为贴图覆盖模型的表面材质。

2.4　本章小结

本章的主要内容，是使用了 SketchUp 的一些基本命令与工具，可以制作简单的模型并修改模型，同时通过本章的学习，可以通过模型操作绘制较为复杂的模型，在以后的绘图中，如遇到复杂模型就可以轻松应对。希望读者熟练掌握这些基本工具，在以后的绘图中会经常用到。

2.5　课后练习

2.5.1　填空题

（1）一般完成圆的绘制后便会_____，如果将_____删除，就会得到_____。

（2）绘制弧线（尤其是连续弧线）的时候常常会找不准方向，可以通过设置_____，然后在_____上绘制弧线来解决。

（3）【推/拉】工具只能作用于_____，因此不能在_____模式下工作。

（4）SketchUp 中的【模型交错】命令相当于 3ds Max 中的_____功能。

答案：

（1）自动封面，面，圆形边线。

（2）辅助面，辅助面。

（3）表面，【线框显示】。

（4）布尔运算

2.5.2　问答题

（1）SketchUp 会进行哪些几何变换？
（2）数值的输入方式有哪几种？

答案：

（1）根据推拉对象的不同，SketchUp 会进行相应的几何变换，包括移动、挤压和挖空。
（2）数值的输入方式有 3 种：输入缩放比例，输入尺寸长度，输入多重缩放比例。

2.5.3　操作题

如图 2-52 所示为一个简单建筑的三维模型，请大家使用本章学过的命令进行创建。

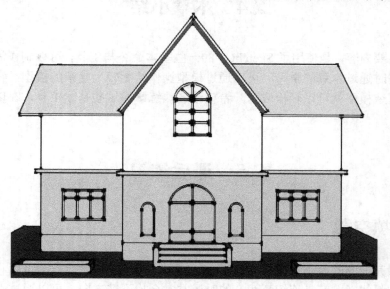

图 2-52　简单建筑三维模型

练习内容：

（1）绘制墙体框架。
（2）绘制窗户和门。
（3）绘制屋顶。
（4）模型细节操作。

第3章　标注尺寸和文字

 **本章导读**

经过前面章节的学习，读者已经掌握了基本模型的制作方法。SketchUp 尺寸标注可以更直观地观察模型大小，也可以辅助绘图把握绘图的准确性，在绘制文字时，可以更方便地为图形添加说明，同时也可以制作建筑上的文字效果。

本章主要讲解测量模型、尺寸标注、文字标注和三维文字制作。

知识点＼学习目标	了解	理解	应用	实践
测量模型	√	√	√	
标注尺寸	√	√	√	√
标注文字	√	√	√	√

3.1 测量模型

测量模型是 SketchUp 模型制作中重要的辅助方法，主要用于对模型的距离、角度等参数进行测量，另外，还可以绘制和管理辅助线。

3.1.1 测量距离

测量距离主要使用【卷尺工具】，主要有以下几种方式执行【卷尺工具】命令：

- 在菜单栏中，选择【工具】|【卷尺】菜单命令，如图 3-1 所示。
- 直接在键盘输入 T 键。
- 单击大工具集工具栏中的【卷尺】按钮 。

图 3-1 【卷尺】菜单命令

（1）测量两点间的距离

激活【卷尺】工具 ，然后拾取一点作为测量的起点，接着拖动鼠标会出现一条类似参考线的【测量带】，其颜色会随着平行的坐标轴而变化，并且数值控制框会实时显示【测量带】的长度，再次单击拾取测量的终点后，测得的距离会显示在数值控制框中。

（2）全局缩放

使用【卷尺】工具 可以对模型进行全局缩放，这个功能非常实用，用户可以在方案研究阶段先构建粗略模型，当确定方案后需要更精确的模型尺寸时，只要重新制定模型中两点的距离即可。

3.1.2 测量角度

测量角度主要使用【量角器】，执行【量角器】命令主要有以下几种方式：

- 在菜单栏中，选择【工具】|【量角器】菜单命令。
- 单击大工具集工具栏中的【量角器】按钮 。

（1）测量角度操作

激活【量角器】工具 后，在视图中会出现一个圆形的量角器，鼠标光标指向的位置就是量角器的中心位置，量角器默认对齐红/绿轴平面。

在场景中移动光标时，量角器会根据旁边的坐标轴和几何体而改变自身的定位方向，用户可以按住 Shift 键锁定所在平面。

在测量角度时，将量角器的中心设在角的顶点上，然后将量角器的基线对齐到测量角的起始边上，接着再拖动鼠标旋转量角器，捕捉要测量角的第二条边，此时光标处会出现一条绕量角器旋转的辅助线，捕捉到测量角的第二条边后，测量的角度值会显示在数值控制框中，如图 3-2 所示。

（2）创建角度辅助线

激活【量角器】工具，然后捕捉辅助线将经过的角的顶点，并单击鼠标左键将量角器放置在该点上，接着在已有的线段或边线上单击，将量角器的基线对齐到已有的线上，此时会出现一条新的辅助线，移动光标到需要的位置，辅助线和基线之间的角度值会在数值控制框中动态显示，如图 3-3 所示。

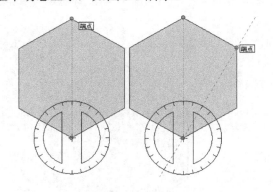

图 3-2　测量角度

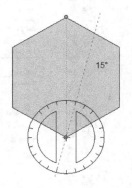

图 3-3　输入角度值

（3）锁定旋转的量角器

按住 Shift 键可以将量角器锁定在当前的平面定位上。

 提示

　　【卷尺】工具 没有平面限制，该工具可以测出模型中任意两点的准确距离。尺寸的更改可以根据不同图形要求进行设置。当调整模型长度的时候，尺寸标注也会随之更改。

3.1.3　绘制和管理辅助线

下面介绍辅助线的绘制与管理。

（1）绘制辅助线

主要有以下几种方式执行【辅助线】命令，如图 3-4 所示。

* 在菜单栏中，选择【工具】|【卷尺】、【量角器】菜单命令。
* 单击大工具集工具栏中的【卷尺】按钮 ，【量角器】按钮 。

　　使用【卷尺】工具 绘制辅助线的方法为：激活【卷尺】工具，然后在线段上单击拾取一点作为参考点，此时在光标上会出现一条辅助线随着光标移动，同时会显示辅助线与参考点之间的距离，接着确定辅助线的位置后，单击鼠标左键即可绘制一条辅助线，如图 3-5 所示。

图 3-4　绘制辅助线工具

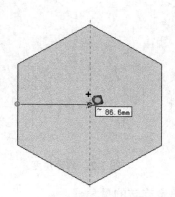

图 3-5　测量距离

（2）管理辅助线

　　眼花缭乱的辅助线有时会影响视线，从而产生负面影响，此时可以通过选择【编辑】|【还原向导】菜单命令或者【编辑】|【删除参考线】菜单命令删除所有的辅助线，如图 3-6 所示。

　　在【图元信息】对话框中可以查看辅助线的相关信息，并且可以修改辅助线所在的图层，如图 3-7 所示。

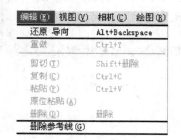

图 3-6　菜单命令

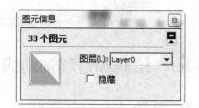

图 3-7　图元信息

　　辅助线的颜色可以通过【样式】对话框进行设置，在【样式】对话框中切换到【编辑】选项卡，然后对【参考线】选项后面的颜色色块进行调整，如图 3-8 所示。

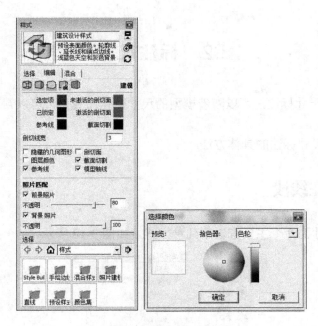

图 3-8 【样式】对话框

（3）导出辅助线

在 SketchUp 中可以将辅助线导出到 AutoCAD 中，以便为进一步精确绘制立面图提供帮助。导出辅助线的方法如下。

选择【文件】|【导出】|【三维模型】菜单命令，然后在弹出的【输出模型】对话框中设置【文件类型】为 AutoCAD DWG File（*. dwg），接着单击【选项】按钮 选项 ，并在弹出的【AutoCAD 导出选项】对话框中启用【构造几何图形】复选框，最后依次单击【确定】按钮 确定 和【导出】按钮 导出 将辅助线导出，如图 3-9 所示。为了能更清晰地显示和管理辅助线，可以将辅助线单独放在一个图层上再进行导出。

图 3-9 导出模型

3.2 标注尺寸

SketchUp 中的尺寸标注，可以随着模型的尺寸变化而变化，可以帮助在绘制模型中对尺寸的把控。

下面主要讲解尺寸标注的具体方法。

3.2.1 标注线段

执行【标注尺寸】命令主要有以下几种方式，如图 3-10 所示。

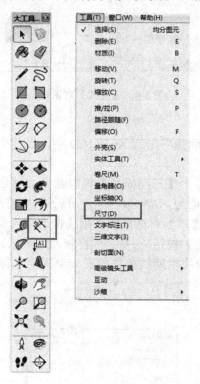

图 3-10 标注尺寸工具

- 在菜单栏中，选择【工具】|【尺寸】菜单命令。
- 单击大工具集工具栏中的【尺寸】按钮 ✕。

然后依次单击线段两个端点，接着移动鼠标拖曳一定的距离，再次单击鼠标左键确定标注的位置，如图 3-11 所示。

用户也可以直接单击需要标注的线段进行标注，选中的线段会呈高亮显示，单击线段后拖曳出一定的标注距离即可，如图 3-12 所示。

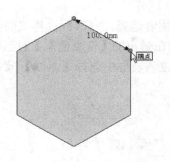

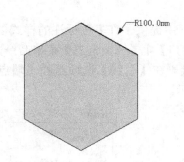

图 3-11　尺寸标注　　　　　　　　　　　图 3-12　尺寸标注

3.2.2　标注直径和半径

标注直径，首先激活【尺寸标注】工具 ✎，然后单击要标注的圆，接着移动鼠标拖曳出标注的距离，再次单击鼠标左键确定标注的位置，如图 3-13 示。

标注半径，激活【尺寸标注】工具，然后单击要标注的圆弧，接着拖曳鼠标确定标注的距离，如图 3-14 所示。

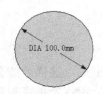

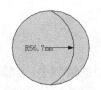

图 3-13　直径标注　　　　　　　　　　　图 3-14　半径标注

3.2.3　互换直径标注和半径标注

在半径标注的右键菜单中选择【类型】|【直径】命令可以将半径标注转换为直径标注，同样，选择【类型】|【半径】右键菜单命令可以将直径标注转换为半径标注，如图 3-15 所示。

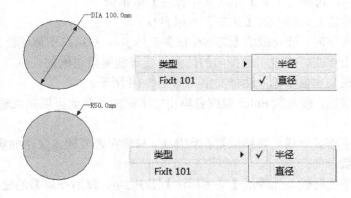

图 3-15　标注转换

SketchUp 中提供了许多种标注的样式以供使用者选择，修改标注样式的步骤如下：

选择【窗口】|【模型信息】菜单命令，然后在弹出的【模型信息】对话框中打开【尺寸】选项，接着在【引线】选项组的【端点】下拉列表框中选择【斜线】或者其他方式，如图 3-16 所示。

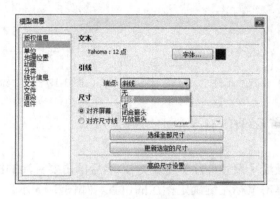

图 3-16　模型信息

3.3　标注文字

在建筑模型的绘制中，建筑上重要的文字必须要标注出来，这样才能显示出一些重要的信息和效果，表达设计师的设计思想。标注文字，可以让观察者更直观看到模型意义，更清楚表达设计者意图。同时，有些建筑效果中也要有文字的效果，如标牌等，这也需要文字的制作。

3.3.1　标注二维文字

标注二维文字主要有以下几种方式，如图 3-17 所示。

· 在菜单栏中，选择【工具】|【文字标注】菜单命令。

· 单击大工具集工具栏中的【文字】按钮 。

在插入引线文字时，要先激活【文本标注】工具 ，然后在实体（表面、边线、顶点、组件、群组等）上单击，指定引线指向的位置，接着拖曳出引线的长度，并单击确定文本框的位置，最后在文本框中输入注释文字，如图 3-18 所示。

输入注释文字后，按两次 Enter 键或者单击文本框的外侧就可以完成输入，按 Esc 键可以取消操作。

文字也可以不需要引线而直接放置在实体上，只需在需要插入文字的实体上双击即可，引线将被自动隐藏。

插入屏幕文字的时候，先激活【文字标注】工具 ，然后在屏幕的空白处单击，接着在弹出的文本框中输入注释文字，最后按两次 Enter 键或者单击文本框的外侧完成输入。

屏幕文字在屏幕上的位置是固定的，受视图改变的影响。另外，在已经编辑好的文字上双击鼠标左键即可重新编辑文字，可以在文字的右键菜单中选择【编辑文字】命令。

图 3-17　标注文字工具

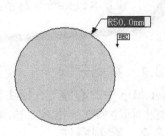

图 3-18　文本标注

3.3.2　制作三维文字

标注三维文字主要有以下两种方式：
- 在菜单栏中，选择【工具】|【三维文字】菜单命令。
- 单击大工具集工具栏中的【三维文字】按钮 。

激活【三维文字】工具 ，会弹出【放置三维文本】对话框，如图 3-19 所示。

在【放置三维文本】对话框的文本框中输入文字后，单击【放置】按钮 放置 ，即可将文字拖放至合适的位置，生成的文字自动成组，使用【缩放】工具 可以对文字进行缩放，如图 3-20 所示。

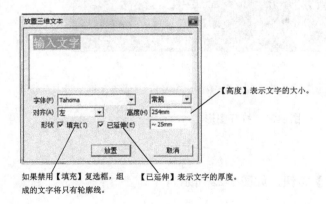

图 3-19　【放置三维文本】对话框

图 3-20　三维文字

3.3.3 标注尺寸和文字应用案例

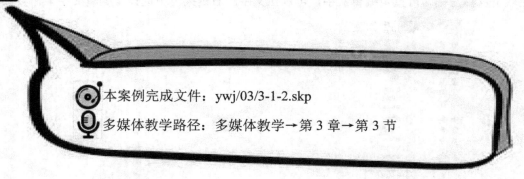

本案例完成文件：ywj/03/3-1-2.skp

多媒体教学路径：多媒体教学→第 3 章→第 3 节

3.3.3.1 案例分析

对 SketchUp 中的物体怎么标注尺寸和文字描述？SketchUp 中绘制了物体图形，想要给这个物体添加标注和文字描述，该怎么添加呢？下面就来看看详细的案例。

3.3.3.2 案例操作

Step1 打开文件

① 选择【文件】菜单中的【打开】按钮，打开 3-1-1.skp 文件，如图 3-21 所示。

② 选择顶视图。

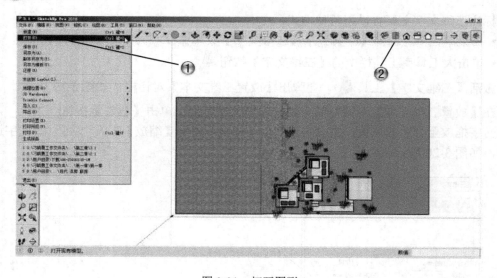

图 3-21　打开图形

Step2 标注尺寸

① 选择大工具集中的【尺寸】按钮，如图 3-22 所示。

② 在绘图区中，绘制尺寸。

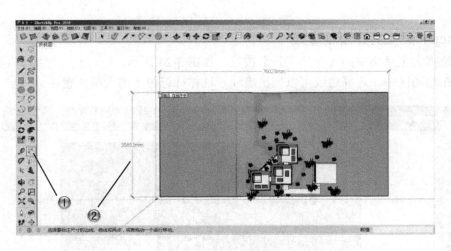

图 3-22 绘制尺寸

Step3 绘制标注文字

① 选择大工具集中的【文字】按钮，如图 3-23 所示。
② 在绘图区中，绘制标注文字。

图 3-23 绘制标注文字

 提示

　　使用文字工具，可以在绘制模型的时候，添加说明，
这样图形更加直观易懂。

Step4 卷尺工具绘制虚线

① 选择大工具集中的【卷尺工具】按钮，如图 3-24 所示。

② 在绘图区中，选择边线可以拖出虚线，这样标记树木的大概位置。

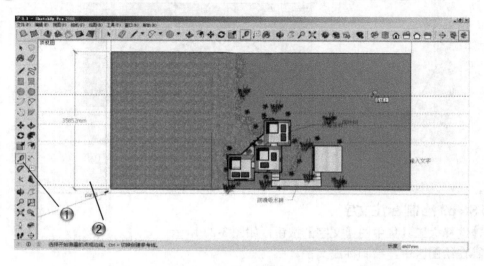

图 3-24　绘制卷尺虚线

Step5 三维文字

① 选择大工具集中的【三维文字】按钮，打开【放置三维文本】输入框，输入文字，如图 3-25 所示。

② 在绘图区中，放置三维文字。这样案例制作完成，最终效果如图 3-26 所示。

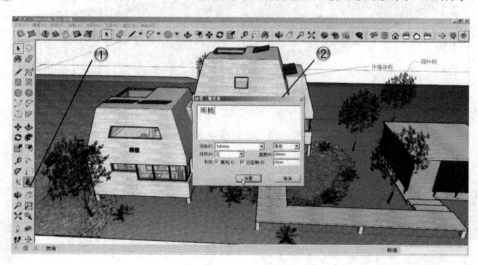

图 3-25　绘制三维文字

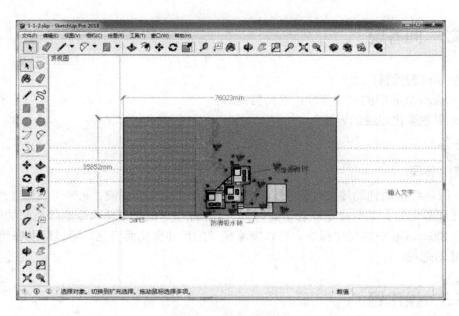

图 3-26　案例最终效果

3.4　本章小结

本章学习了 SketchUp 中的测量模型、尺寸标注和标注文字的功能方法。通过学习，可以熟练应用尺寸标注工具对模型进行尺寸标注和尺寸大小控制，为模型添加文字说明，这也是非常实用的。

3.5　课后练习

3.5.1　填空题

（1）测量模型是 SketchUp 模型制作中重要的辅助方法，主要用来对模型的_____、_____等参数进行测量，另外还可以绘制和管理_____。

（2）【卷尺】工具没有_____限制，该工具可以测出模型中_____的准确距离。

答案：

（1）距离，角度，辅助线。

（2）平面，任意两点。

3.5.2 问答题

（1）如何删除辅助线？

（2）SketchUp 中的尺寸标注，有何特点？

（3）简述柔化边线的方法？

答案：

（1）眼花缭乱的辅助线有时候会影响视线，从而产生负面影响，此时可以通过选择【编辑】｜【还原向导】菜单命令或者【编辑】｜【删除参考线】菜单命令删除所有的辅助线。

（2）SketchUp 中的尺寸标注，可以随着模型的尺寸变化而变化，可以帮助在绘制模型时对尺寸的把控。

 **3.5.3 操作题**

使用本章学过的命令绘制如图 3-27 所示的月亮门和门头效果。

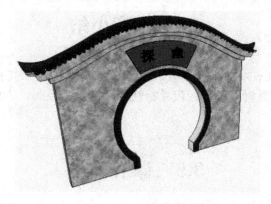

图 3-27 月亮门和门头

练习内容：

（1）绘制月亮门。

（2）绘制门头和文字。

第 4 章　设置材质与贴图

本章导读

　　SketchUp 拥有强大的材质库，可以应用于边线、表面、文字、剖面、组和组件中，并实时显示材质效果，所见即所得。而且在赋予材质以后，可以方便地修改材质的名称、颜色、透明度、尺寸大小及位置等属性特征，这是 SketchUp 最大的优势之一。

　　本章将带领大家一起学习 SketchUp 的材质功能的应用，包括材质的提取、填充、坐标调整、特殊形体的贴图以及 PNG 贴图的制作及应用等。

	学习目标	了解	理解	应用	实践
知识点					
材质操作		√	√	√	√
基本贴图操作		√	√	√	
复杂贴图操作		√	√	√	√

学习要求

4.1　材质操作

建筑模型的材质主要体现建筑实际材质的应用效果，添加材质后的建筑模型会更有真实感。因此，在建筑草图模型设计中，材质和贴图设计都是非常重要的。

本节主要介绍基本的材质操作方法，基本的材质操作可以简单地为模型添加材质。

4.1.1　材质编辑器

执行【材质】编辑器命令的方式是在菜单栏中选择【工具】|【材质】菜单命令，可以打开材质编辑器，如图 4-1 所示。在材质编辑器中有【选择】和【编辑】两个选项卡，这两个选项卡用来选择与编辑材质，也可以浏览当前模型中使用的材质。

【名称】文本框：选择一个材质赋予模型以后，在【名称】文本框中将显示材质的名称，用户可以在这里为材质重新命名，如图 4-2 所示。

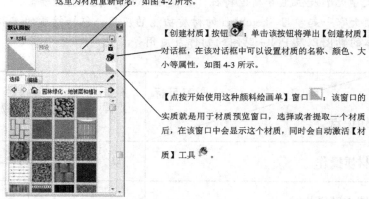

【创建材质】按钮：单击该按钮将弹出【创建材质】对话框，在该对话框中可以设置材质的名称、颜色、大小等属性，如图 4-3 所示。

【点按开始使用这种颜料绘画单】窗口：该窗口的实质就是用于材质预览窗口，选择或者提取一个材质后，在该窗口中会显示这个材质，同时会自动激活【材质】工具。

图 4-1　材质编辑器

重新命名材质的操作如图 4-2 所示，创建材质的操作如图 4-3 所示。

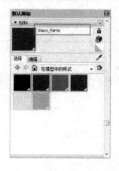

图 4-2　重新命名材质

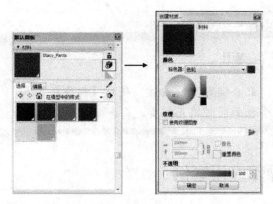

图 4-3　创建材质

4.1.2　设置材质

执行【材质】命令主要有以下几种方式：

- 在菜单栏中，选择【工具】|【材质】菜单命令。
- 直接在键盘输入 B 键。
- 单击大工具集工具栏中的【材质】按钮 。

（1）单个填充（无需任何按键）

激活【材质】工具 后，在单个边线或表面上单击鼠标左键即可填充材质。如果事先选中了多个物体，则可以同时为选中的物体上色。

（2）邻接填充（按住 Ctrl 键）

激活【材质】工具 的同时按住 Ctrl 键，可以同时填充与所选表面相邻接并且使用相同材质的所有表面。在这种情况下，当捕捉到可以填充的表面时，【材质】工具 图标右下角会横放 3 个小方块，变为 。如果事先选中了多个物体，那么邻接填充操作会被限制在所选范围之内。

（3）替换填充（按住 Shift 键）

激活【材质】工具 的同时按住 Shift 键，【材质】工具 图标右下角会直角排列 3 个小方块，变为 ，这时可以用当前材质替换所选表面的材质。模型中所有使用该材质的物体都会同时改变材质。

（4）邻接替换（按住 Ctrl+Shift 组合键）

激活【材质】工具 的同时按住 Ctrl+Shift 组合键，可以实现【邻接填充】和【替换填充】的效果。在这种情况下，当捕捉到可以填充的表面时，【材质】工具 图标右下角会竖直排列 3 个小方块，变为 ，单击即可替换所选表面的材质，但替换的对象将限制在所选表面有物理连接的几何体中。如果事先选择了多个物体，那么邻接替换操作会被限制在所选范围之内。

（5）提取材质（按住 Alt 键）

激活【材质】工具 的同时按住 Alt 键，图标将变成 ，此时单击模型中的实体，就能提取该材质。提取的材质会被设置为当前材质，用户可以直接用来填充其他物体。

提示

配合键盘上的按键，使用【材质】工具 可以快速为多个表面同时填充材质。

4.1.3 材质操作应用案例

本案例完成文件：ywj/04/4-1-2.skp

多媒体教学路径：多媒体教学→第 4 章→第 1 节

4.1.3.1 案例分析

如果 SketchUp 中自带的材质库里面没有自己想要的材质，又怎么给面添加自己需要的自定义材质，本节案例将细致讲解。

4.1.3.2 案例操作

Step1 打开图形

① 选择【文件】菜单中的【打开】命令，打开 4-1-1.skp 文件，如图 4-4 所示。

② 打开没有贴图的模型。

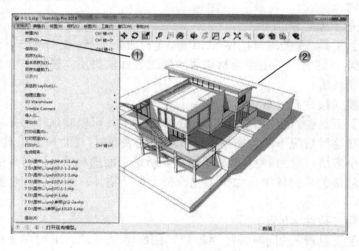

图 4-4　打开图形

Step2 选择材质

① 选择大工具集中的【材质】按钮，如图 4-5 所示。

② 打开材质对话框。

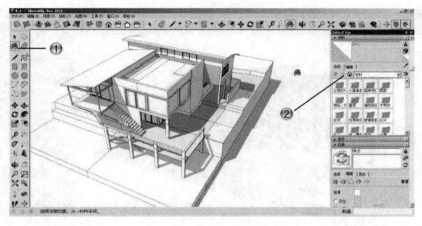

图 4-5　材质对话框

Step3 设置材质

① 打开【编辑】选项卡中的【浏览图像材质文件】按钮，如图 4-6 所示。

② 选择作为材质的图像。

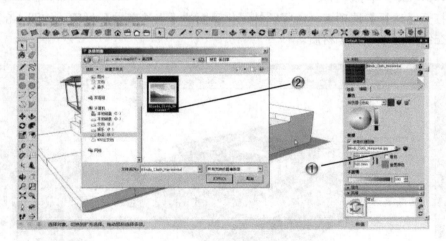

图 4-6　自定义材质

 提示

　　选择的纹理图像，也可以通过颜色设置，进行图片的颜色设置，这里选择偏黑灰色的颜色。

Step4 赋予材质

① 选择大工具集中的【材质】按钮，如图 4-7 所示。
② 在绘图区中，单击需要相应材质的地方。

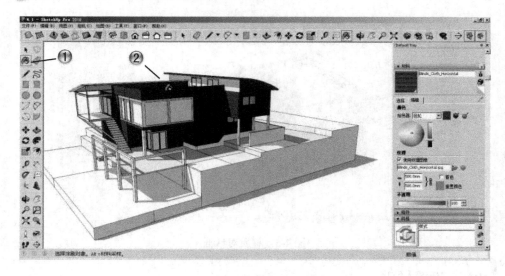

图 4-7　赋予材质

Step5 赋予草被材质

① 打开【选择】选项卡，选择园林绿化里面的【人造草被】材质，如图 4-8 所示。
② 在绘图区中，赋予材质。

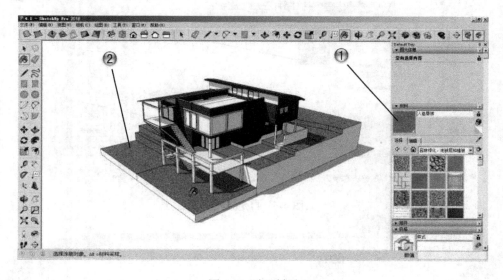

图 4-8　赋予材质

Step6 赋予木地板材质

① 打开【选择】选项卡，选择木质纹里面的【浅色木地板】材质，如图 4-9 所示。

② 在绘图区中，赋予地板材质，完成赋予材质的图形，如图 4-10 所示。

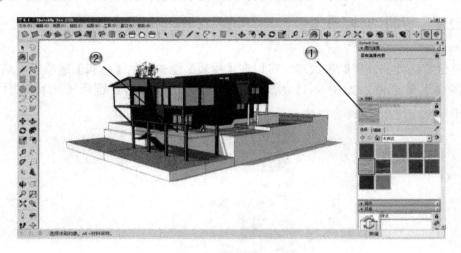

图 4-9　赋予地板材质

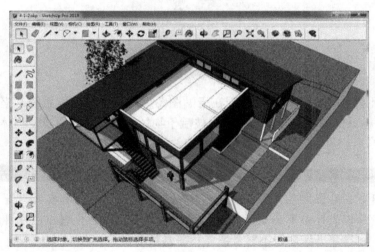

图 4-10　案例最终效果

4.2　基本贴图操作

　　绘制建筑物模型时，如果没有贴图效果，模型就无法表示出建筑的真实效果，应用贴图可以快速地将建筑物的一些表面效果真实表现出来，因此，贴图在建筑模型制作中是很重要的。

在【材质】编辑器中可以使用 SketchUp 自带的材质库，当然，材质库中只是一些基本贴图，在实际工作中，还需自己动手编辑材质。从外部获得的贴图应尽量控制大小，如有必要可以使用压缩的图像格式来减小文件量，例如 JPGE 或者 PNG 格式。

4.2.1 贴图坐标介绍

如果需要从外部获得贴图纹理，可以在【材质】编辑器的【编辑】选项卡中启用【使用纹理图像】复选框，如图 4-11 所示，此时将弹出一个对话框用于选择贴图并导入 SketchUp 中。

图 4-11 启用【使用纹理图像】复选框

导致贴图不随物体一起移动的原因在于贴图图片拥有一个坐标系统，坐标的原点就位于 SketchUp 坐标系的原点。如果贴图正好被赋予物体的表面，就需要使物体的一个顶点正好与坐标系的原点相重合，这是非常不方便的。解决的方法有两种。

（1）在贴图之前，先将物体制作成组件，由于组件都有其自身的坐标系，且该坐标系不会随着组件的移动而改变，因此先制作组件再赋予材质，就不会出现贴图不随着实体的移动而移动的问题。

（2）利用 SketchUp 的贴图坐标，在贴图时用鼠标右键单击，在弹出的菜单中执行【贴图坐标】命令，进入贴图坐标的编辑状态，然后什么也不用做，只需再次用鼠标右键单击，在弹出的菜单中执行【完成】命令即可。退出编辑状态后，贴图就可以随着实体一起移动了。

4.2.2　贴图坐标操作

执行【贴图坐标】命令方式：在右键菜单中，选择【纹理】|【位置】菜单命令。
SketchUp 的贴图坐标有两种模式，分别为【固定图钉】模式和【自由图钉】模式。

（1）【固定图钉】模式

在物体的贴图上用鼠标右键单击，在弹出的快捷菜单中选择【纹理】|【位置】命令，此时物体的贴图将以透明的方式显示，并且在贴图上会出现 4 个彩色的图钉，每一个图钉都有固定的特有功能，如图 4-12 所示。

【缩放旋转】图钉：拖曳该绿色的图钉可以对贴图进行缩放和旋转操作。单击鼠标左键时贴图上出现旋转的轮盘，移动鼠标时，从轮盘的中心点将放射出两条虚线，分别对应缩放和旋转操作前后比例与角度的变化。沿着虚线段和虚线弧的原点将显示出系统图像的现在尺寸和原始尺寸，或者也可以单击鼠标右键，在弹出的快捷菜单中选择【重设】命令。进行重设时，会把旋转和按比例缩放都重新设置。

【移动】图钉：拖曳该红色的图钉可以移动贴图。

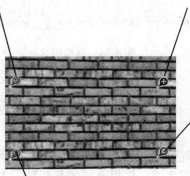

【平行四边形变形】图钉：拖曳该蓝色的图钉可以对贴图进行平行四边形变形操作。在移动【平行四边形变形图钉】时，位于下面的两个图钉（【移动】图钉，和【缩放旋转】图钉）是固定的。

【梯形变形】图钉：拖曳该黄色的图钉可以对贴图进行梯形变形操作，也可以形成透视效果。

图 4-12　彩色的图钉

（2）【自由图钉】模式

【自由图钉】模式适合设置和消除照片的扭曲。在【自由图钉】模式下，图钉相互之间都不限制，这样就可以将图钉拖曳到任何位置，如图 4-13 所示。

只需在贴图的右键菜单中禁用【固定图钉】命令，即可将【固定图钉】模式调整为【自由图钉】模式，此时 4 个彩色的图钉都会变成相同模样的白色图钉，用户可以通过拖曳图钉进行贴图的调整。

图 4-13　转换为【自由图钉】模式操作

为了更好地锁定贴图的角度，可以在【模型信息】管理器中设置角度的捕捉为 15 度或 45 度，如图 4-14 所示。

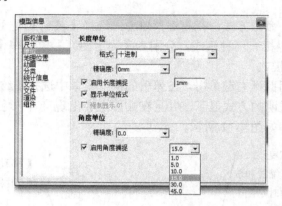

图 4-14　模型信息

4.3　复杂贴图操作

贴图效果中有很多比较复杂的效果，如曲面贴图、无缝贴图等，这些贴图对于保证建筑模型中较为真实的效果非常实用。这里介绍的复杂贴图主要包括转角贴图、圆柱体的无缝贴图、投影贴图、球面贴图、PNG 贴图等。

4.3.1　转角贴图

将纹理图片，添加到【材质】编辑器中，接着将贴图材质赋予石头的一个面，如图 4-15 所示。

在贴图表面用鼠标右键单击，然后在弹出的快捷菜单中选择【纹理】|【位置】命令，进入贴图坐标的操作状态，此时直接用鼠标右键单击，在弹出的快捷菜单中选择【完成】命令，如图 4-16 所示。

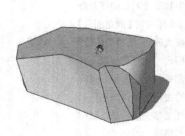

图 4-15　赋予材质

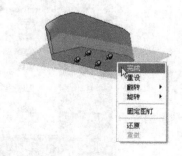

图 4-16　贴图

单击【材质】编辑器中的【样本颜料】按钮（或者使用【材质】工具并配合 Alt 键），然后单击被赋予材质的面，进行材质取样，接着单击其相邻的表面，将取样的材质赋予相邻的表面。完成贴图，效果如图 4-17 所示。

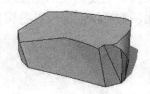

4.3.2 圆柱体的无缝贴图

图 4-17 贴图材质

将纹理图片，添加到【材质】编辑器中，接着将贴图材质赋予圆柱体的一个面，会发现没有全部显示贴图，如图 4-18 所示。

选择【视图】｜【隐藏几何图形】菜单命令，将物体网格显示出来。在物体上用鼠标右键单击，然后在弹出的快捷菜单中选择【纹理】｜【位置】命令，如图 4-19 所示，接着对圆柱体中的一个分面进行重设贴图坐标操作，如图 4-20 所示，再次用鼠标右键单击，在弹出的快捷菜单中选择【完成】命令。

图 4-18 材质贴图

图 4-19 右键菜单命令

单击【材质】编辑器中的【样本颜料】按钮，然后单击已经赋予材质的圆柱体的面，进行材质取样，接着为圆柱体的其他面赋予材质，此时贴图没有出现错位现象，完成效果如图 4-21 所示。

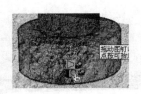

图 4-20 调节图片　　　　　　　　图 4-21 完成贴图

4.3.3 其他贴图

其他主要的贴图如下。

（1）投影贴图

SketchUp 的贴图坐标可以投影贴图，就像将一个幻灯片用投影机投影一样。如果希望在模型上投影地形图像或者建筑图像，那么投影贴图就非常有用。任何曲面不论是否被柔化，都可以使用投影贴图来实现无缝拼接。

实际上，投影贴图不同于包裹贴图的花纹是随着物体形状的转折而转折的，花纹大小不会改变，但是图像来源于平面，相当于把贴图拉伸，使其与三维实体相交，是贴图正面投影到物体上形成的形状。因此，使用投影贴图会使贴图有一定变形。

（2）球面贴图

熟悉了投影贴图的原理，那么曲面的贴图自然也就会了，因为曲面实际上就是由很多三角面组成的。

（3）PNG 贴图

PNG 格式是 20 世纪 90 年代中期开发的图像文件存储格式，其目的是想要替代 GIF 格式和 TIFF 格式。PNG 格式增加了一些 GIF 格式文件所不具备的特性，在 SketchUp 中主要运用它的透明性。PNG 格式的图片可以在 Photoshop 中进行制作。镂空贴图图片的格式要求为 PNG 格式，或者带有通道的 TIF 格式和 TGA 格式。

在【材质】编辑器中可以直接调用这些格式的图片。另外，SketchUp 不支持镂空显示阴影，如果要想得到正确的镂空阴影效果，需要将模型中的物体平面进行修改和镂空，尽量与贴图大致相同。

4.3.3 贴图操作应用案例

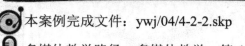

本案例完成文件：ywj/04/4-2-2.skp

多媒体教学路径：多媒体教学→第 4 章→第 3 节

4.3.3.1 案例分析

SketchUp 的贴图进行填充后往往会形成一个角度，比如地砖等，看起来是斜的，本案例将细致讲解。

4.3.3.2 案例操作

Step1 打开图形

① 选择【文件】菜单中的【打开】按钮，打开 4-2-1.skp 文件，如图 4-22 所示。

② 打开的是没有贴图的模型。

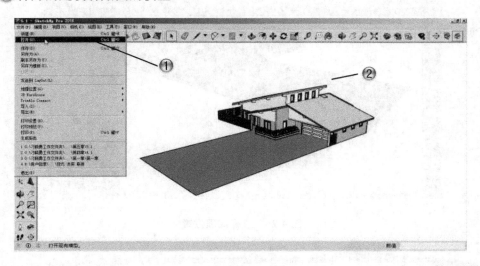

图 4-22 打开图形

Step2 选择材质

① 选择大工具集中的【材质】按钮，如图 4-23 所示。

② 选择【砖、覆层和壁板】文件夹中的【灰色混凝土砖 8×8】材质。

③ 赋予地面材质。

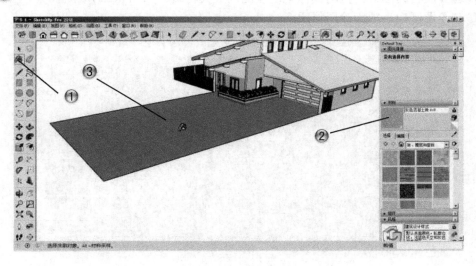

图 4-23 赋予地面材质

Step3 选择纹理位置菜单命令

① 选择纹理面，如图 4-24 所示。

② 用鼠标右键单击，在右键菜单中选择【纹理】|【位置】菜单命令。

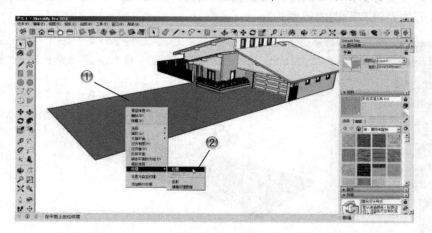

图 4-24　选择纹理位置

★ 提示

这里要选择需要调整纹理材质的贴图。

Step4 调整材质

① 选择旋转的图钉，拖动鼠标可以按比例放大材质，如图 4-25 所示。

② 在绘图区中，放大涂层材质。

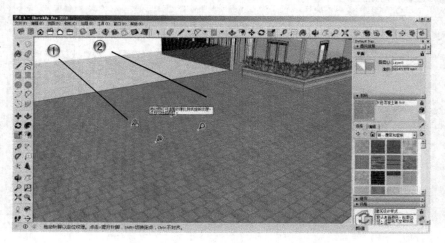

图 4-25　调整材质

Step5 设置贴图

① 选择需要编辑的材质面，如图 4-26 所示。

② 用鼠标右键单击，选择右键菜单中的【纹理】|【编辑纹理图像】菜单命令。

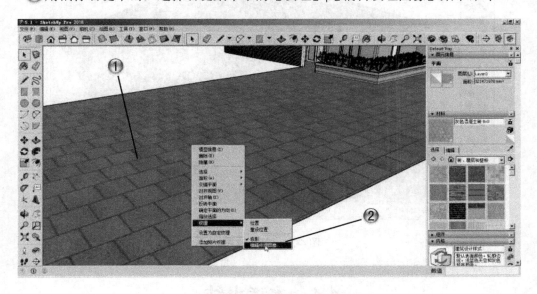

图 4-26　选择【编辑纹理图像】菜单命令

Step6 打开材质源文件

① 打开材质的源文件，可以根据自己需要进行编辑，如图 4-27 所示。

② 使用类似方法赋予其他材质层。这样，案例制作完成，最终效果如图 4-28 所示。

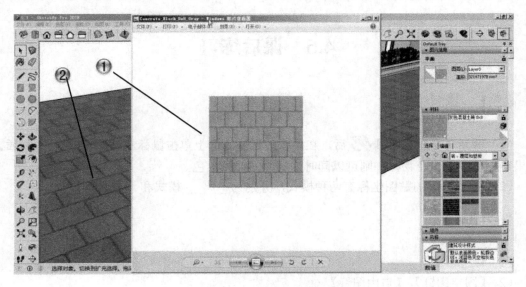

图 4-27　打开材质源文件

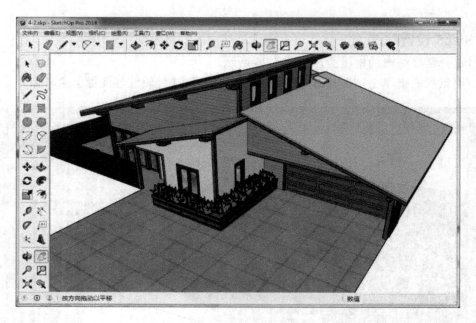

图 4-28　最终效果

4.4　本章小结

本章主要学习了使用 SketchUp 材质与贴图赋予模型材质，熟悉了调整材质坐标的方法，运用材质贴图来创建模型。一个好的材质贴图可以更准确地表达设计意图，所以读者要多加练习以巩固所学知识。

4.5　课后练习

4.5.1　填空题

（1）激活【材质】工具 后，在单个边线或表面上单击鼠标左键即可_____材质。如果事先选中了多个物体，则可以同时为选中的物体上色。

（2）SketchUp 的贴图坐标有两种模式，分别为_____模式和_____模式。

答案：

（1）填充。

（2）【固定图钉】，【自由图钉】。

4.5.2 问答题

（1）如何提取材质？

（2）导致贴图不随物体一起移动的原因是什么？

答案：

（1）激活【材质】工具 的同时按住 Alt 键，图标将变成 ，此时单击模型中的实体，就能提取该材质。提取的材质会被设置为当前材质，用户可以直接用来填充其他物体。

（2）导致贴图不随物体一起移动的原因在于贴图图片拥有一个坐标系统，坐标的原点就位于 SketchUp 坐标系的原点。如果贴图正好被赋予物体的表面，就需要使物体的一个顶点正好与坐标系的原点相重合，这是非常不方便的。

4.5.3 操作题

使用本章学过的材质和贴图命令，对场景中的建筑和树木模型添加材质和贴图，效果如图 4-29 所示。

图 4-29　建筑和树木模型

练习内容：

（1）添加基本材质。

（2）添加房屋和树木贴图。

第5章　图层、群组和组件应用

 **本章导读**

　　SketchUp 抓住了设计师的职业需求，不依赖图层，而是提供了更加方便的【群组/组件】管理功能，这种分类和现实生活中物体的分类十分相似，用户之间还可以通过组或组件进行资源共享，并且它们十分容易修改。经过了前面的学习，大家已经掌握了基本模型的制作方法。

　　本章主要讲解 SketchUp 中图层、群组和组件的相关知识，包括图层、群组和组件的创建、编辑、共享及动态组件的制作原理。

	学习目标	了解	理解	应用	实践
学习要求	知识点				
	图层应用和管理	√			
	创建和编辑群组	√	√	√	
	创建和编辑组件	√	√	√	√

5.1　图层应用和管理

SketchUp 的图层集成了颜色、线型及状态等，通过不同的图层名称设置得各不同的方式，以方便制图过程中对图层进行管理。

5.1.1　图层应用

要应用图层，需要选择【窗口】|【默认面板】|【图层】菜单命令，如图 5-1 所示，打开【图层】管理器进行应用。

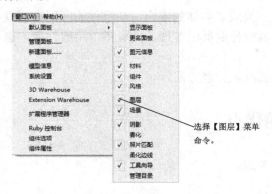

图 5-1　选择【图层】命令

5.1.2　图层管理

打开的【图层】管理器，如图 5-2 所示。

在【图层】管理器中可以查看和编辑模型中的图层，它显示了模型中所有的图层和图层的颜色，并指定图层是否可见。

图 5-2　【图层】管理器

在【图层】管理器中合并图层，就是当删除图层时弹出【删除包含图元的图层】对话框，在其中选中【将内容移至默认图层】单选按钮，如图 5-3 所示。

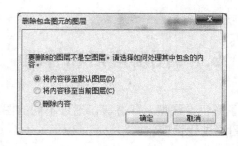

图 5-3　合并图层

5.2　创建和编辑群组

群组是一些点、线、面或者实体的集合，与组件的区别在于没有组件库和关联复制的特性。但是组可以作为临时性的群组管理，并且不占用组件库，也不会使文件变大，所以使用起来很方便。

下面主要介绍模型的群组管理方法。

5.2.1　群组的优点

群组的优势有以下 5 点。

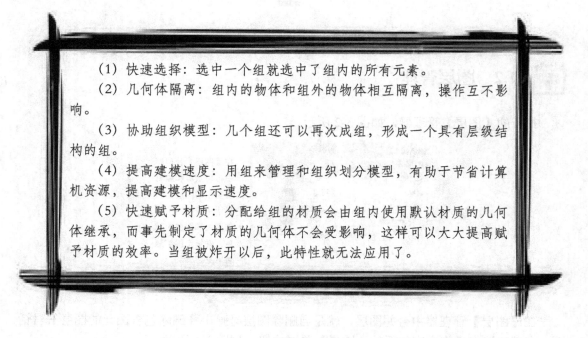

（1）快速选择：选中一个组就选中了组内的所有元素。

（2）几何体隔离：组内的物体和组外的物体相互隔离，操作互不影响。

（3）协助组织模型：几个组还可以再次成组，形成一个具有层级结构的组。

（4）提高建模速度：用组来管理和组织划分模型，有助于节省计算机资源，提高建模和显示速度。

（5）快速赋予材质：分配给组的材质会由组内使用默认材质的几何体继承，而事先制定了材质的几何体不会受影响，这样可以大大提高赋予材质的效率。当组被炸开以后，此特性就无法应用了。

5.2.2　创建群组

执行【创建群组】命令主要有以下几种方式：

- 在菜单栏中，选择【编辑】|【创建组】菜单命令。
- 在右键菜单中选择【创建群组】命令。

选中要创建为组的物体，选择【编辑】|【创建组】菜单命令。组创建完成后，外侧会出现高亮显示的边界框，创建群组前后的效果如图 5-4 和图 5-5 所示。

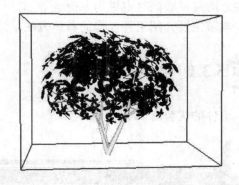

图 5-4　创建组之前　　　　　　　　　　　　　　图 5-5　创建组之后

5.2.3　编辑群组

执行【编辑组】命令主要有以下几种方式：

- 双击组进入组内部编辑。
- 在右键菜单中选择【编辑组】命令。

创建的组可以被分解，分解后组将恢复到成组之前的状态，同时组内的几何体会和外部相连的几何体结合，并且嵌套在组内的组则会变成独立的组。当需要编辑组内部的几何体时，就需要进入组的内部进行操作。在组上双击鼠标左键，或者用鼠标右键单击，在弹出的快捷菜单中选择【编辑组】命令，即可进入组进行编辑。

提示

SketchUp 组件比组更加占用内存。在 SketchUp 中如果整个模型都细致地进行了分组，那么可以随时炸开某个组，而不会与其他几何体黏在一起。

5.3 创建和编辑组件

组件是将一个或多个几何体的集合定义为一个单位，使之可以像一个物体那样进行操作。组件可以是简单的一条线，也可以是整个模型，尺寸和范围也没有限制。组件与组类似，但多个相同的组件之间具有关联性，可以进行批量操作，在与其他用户或其他 SketchUp 组件之间共享数据时也更为方便。

本节主要介绍组件操作的具体方法。

5.3.1 组件的优点

组件的优势有以下 6 点。

（1）【独立性】：组件可以是独立的物体，小至一条线，大至住宅、公共建筑，包括附着于表面的物体，例如门窗、装饰构架等。

（2）【关联性】：对一个组件进行编辑时，与其关联的组件将会同步更新。

（3）【附带组件库】：SketchUp 附带一系列预设组件库，并且还支持自建组件库，只需将自建的模型定义为组件，并保存到安装目录的 Components 文件夹中即可。在【系统设置】对话框的【文件】选项中，可以查看组件库的位置，如图 5-6 所示。

（4）【与其他文件链接】：组件除了存在于创建他们的文件中，还可以导出到别的 SketchUp 文件中。

（5）【组件替换】：组件可以被其他文件中的组件替换，以满足不同精度的建模和渲染要求。

（6）【特殊的行为对齐】：组件可以对齐到不同的表面上，并且在附着的表面上挖洞开口。组件还拥有自己内部的坐标系。

图 5-6　创建组之前

5.3.2　创建组件

执行【创建组件】命令主要有以下几种方式：

- 在菜单栏中，选择【编辑】|【创建组件】菜单命令。
- 直接在键盘输入 G 键。
- 在右键菜单中选择【创建组件】命令。

这时打开【创建组件】对话框，如图 5-7 所示，就可以创建组件了。组件是将一个或多个几何体的集合定义为一个单位，使之可以像一个物体那样进行操作。组件可以是简单的一条线，也可以是整个模型，尺寸和范围也没有限制。

5.3.3　插入组件

执行【插入组件】命令主要有以下几种方式：

- 在菜单栏中，选择【窗口】|【默认面板】|【组件】菜单命令。
- 在菜单栏中，选择【文件】|【导入】菜单命令。

在 SketchUp 2018 中自带了一些组件。这些人物组件可随视线转动面向相机，如果想使用这些组件，直接将其拖曳到绘图区即可，如图 5-8 所示。

图 5-7　【创建组件】对话框

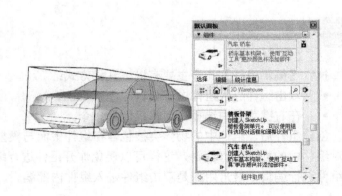

图 5-8　添加二维人物

提示

SketchUp 中的配景也是通过插入组件的方式放置的，这些配景组件可以从外部获得，也可以自己制作。人、车、树配景可以是二维组件物体，也可以是三维组件物体。

当组件被插入到当前模型中时，SketchUp 会自动激活【移动/复制】工具，并自动捕捉组件坐标的原点，组件将其内部坐标原点作为默认的插入点。

若要改变默认的插入点，必须在组件插入之前更改其内部坐标系，如图 5-9 所示。

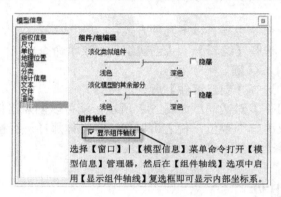

图 5-9　显示组件轴

其实在安装完 SketchUp 后，就已经有了一些这样的素材。SketchUp 安装文件并没有附带全部的官方组件，可以登录官方网站（http：//sketchup.google.com/3dwarehouse/）下载全部的组件安装文件。注意，官方网站上的组件是不断更新和增加的，需要及时下载更新。

另外，还可以在官方论坛网站（http：// www.sketchupbbs.com）下载更多的组件，充实自己的 SketchUp 配景库。

5.3.4　编辑组件

执行【编辑组件】命令主要有以下几种方式：
- 双击组件进入组件内部编辑。
- 在右键菜单中选择【编辑组件】命令。

创建组件后，组件中的物体会被包含在组件中而与模型的其他物体分离。SketchUp 支持对组件中的物体进行编辑，这样可以避免炸开组件进行编辑后再重新制作组件。如果要对组件进行编辑，最常用的是双击组件进入组件内部编辑。

提示

SketchUp 中所有复制的组件和原组件都会自动跟着改变的。

5.3.5 动态组件

动态组件（Dynamic Components）使用起来非常方便，在制作楼梯、门窗、地板、玻璃幕墙、篱笆栅栏等方面应用较为广泛，例如当你缩放一扇带边框的门窗时，由于事先固定了门（窗）框尺寸，就可以实现门（窗）框尺寸不变，而是门（窗）整体尺寸变化。读者也可通过登录 Google 3D 模型库，下载所需动态组件。

总结这些组件的属性并加以分析，可以发现动态组件包含以下方面的特征：固定某个构件的参数（尺寸、位置等），复制某个构件，调整某个构件的参数，调整某个构件的活动性等。具备以上一种或多种属性的组件即可被称为动态组件。

在菜单栏中，选择【视图】|【工具栏】|【动态组件】菜单命令，即可打开【动态组件】工具栏。

【动态组件】工具栏包含了 3 个工具，分别为【与动态组件互动】工具、【组件选项】工具和【组件属性】工具，如图 5-10 所示。

图 5-10　动态组件工具

（1）与动态组件互动

激活【与动态组件互动】工具，然后将鼠标指向动态组件，此时鼠标上会多出一个星号，随着鼠标在动态组件上单击，组件就会动态显示不同的属性效果，如图 5-11 所示。

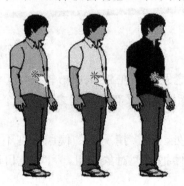

图 5-11　与动态组件互动

（2）组件选项

激活【组件选项】工具，将弹出【组件选项】对话框，如图 5-12 所示。

（3）组件属性

激活【组件属性】工具，将弹出【组件属性】对话框，如图 5-13 所示，在该对话框中可以为选中的动态组件添加属性。

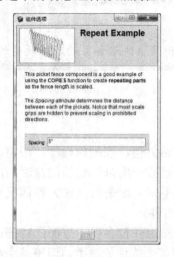

图 5-12　组件选项　　　　　　　　　　　图 5-13　组件属性

5.3.6　组件应用案例

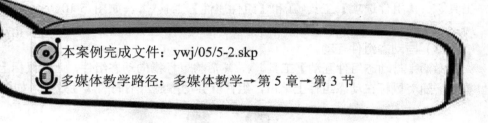

本案例完成文件：ywj/05/5-2.skp

多媒体教学路径：多媒体教学→第 5 章→第 3 节

5.3.6.1　案例分析

Sketchup 的组与组群的概念及使用在 SketchUp 软件中，可以对多个对象进行打包组合，同 3DSMAX 的组模方式基本相同，但又有所独特之处，这个案例就是使用组件来进行绘制窗户的操作。

组件与组群有许多共同之处，很多情况下的使用区别不大，都可以将场景中众多的构件编辑成一个整体，在适当时候把模型对象成组，可避免日后模型黏连的情况发生。

5.3.6.2　案例操作

Step1 打开图形

① 选择【文件】菜单中的【打开】命令，打开 5-1.skp 文件，如图 5-14 所示。

② 下面在空白的墙体位置绘制窗户。

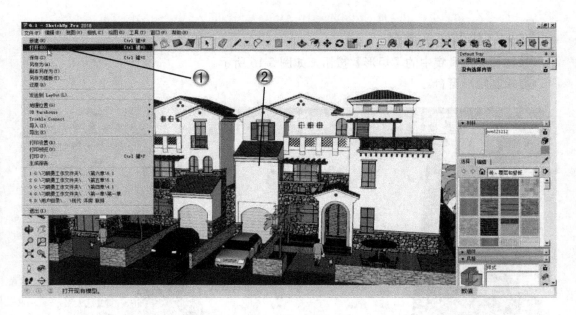

图 5-14　打开图形

Step2 绘制窗户

① 选择大工具集中的【直线】按钮，如图 5-15 所示。

② 绘制窗户。

图 5-15　绘制窗户

! Step3 绘制矩形窗台

① 选择大工具集中的【矩形】按钮，如图 5-16 所示。

② 绘制矩形窗台。

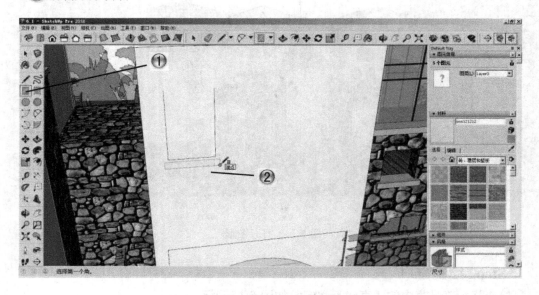

图 5-16 绘制矩形窗台

! Step4 绘制圆弧

① 选择大工具集中的【圆弧】按钮，如图 5-17 所示。

② 绘制圆弧。

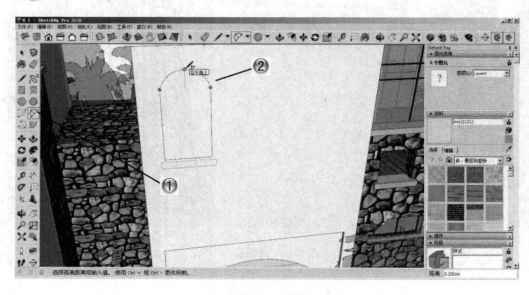

图 5-17 绘制圆弧

Step5 绘制直线

① 选择大工具集中的【直线】按钮，如图 5-18 所示。

② 绘制直线。

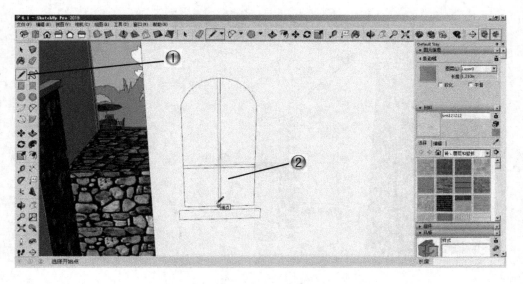

图 5-18 绘制直线

Step6 推拉图形

① 选择大工具集中的【推拉】按钮，如图 5-19 所示。

② 推拉图形。

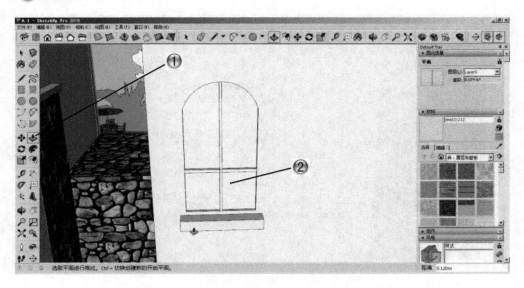

图 5-19 推拉图形

Step7 选择创建组件

① 选择图形，用鼠标右键单击，如图 5-20 所示。

② 选择创建组件。

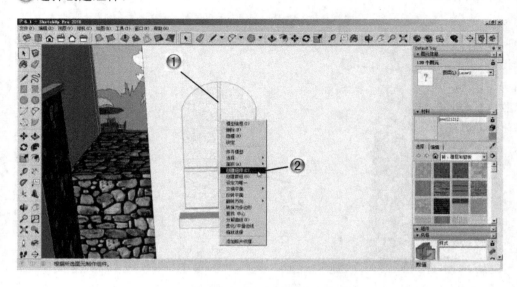

图 5-20　创建组件

Step8 选择创建组件

① 打开【创建组件】对话框，如图 5-21 所示。

② 启用【切割开口】复选框。

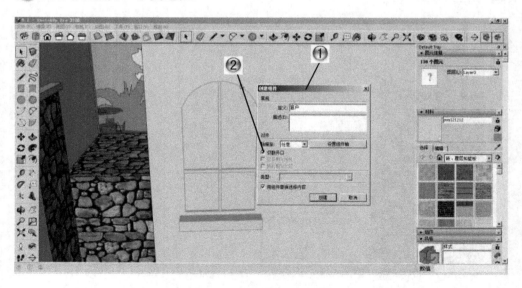

图 5-21　创建组件

Step9 复制组件

① 选择大工具集中的【移动】按钮，按下键盘的 Ctrl 键，如图 5-22 所示。

② 移动复制的窗户会自动切割开口。至此，案例制作完成，最终结果如图 5-23 所示。

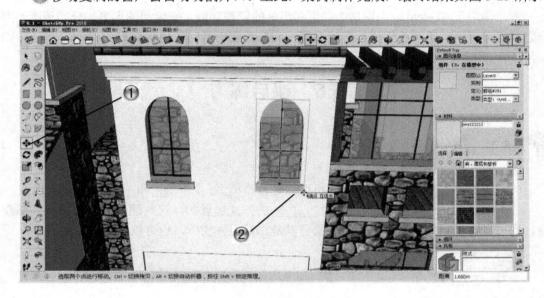

图 5-22　复制组件

图 5-23　最终效果

5.4　本章小结

本章学习了 SketchUp 中图层、群组和组件的管理功能，使绘制图形更加分类清晰，用户之间还可以通过组或组件进行资源共享，在修改图形的时候也更加得心应手。

5.5　课后练习

5.5.1　填空题

（1）组件可以是简单的一条线，也可以是整个模型，＿＿＿＿＿和＿＿＿＿＿也没有限制。

（2）SketchUp 中的配景也是通过＿＿＿＿＿的方式放置的，这些配景组件可以从外部获得，也可以自己制作。人、车、树配景可以是二维组件物体，也可以是三维组件物体。

答案：

（1）尺寸，范围。

（2）插入组件。

5.5.2　问答题

（1）群组与组件有哪些区别？

（2）动态组件的优势是什么？

答案：

（1）群组是一些点、线、面或者实体的集合，与组件的区别在于没有组件库和关联复制的特性。但是组可以作为临时性的群组管理，并且不占用组件库，也不会使文件变大，所以使用起来很方便。

（2）动态组件（Dynamic Components）使用起来非常方便，在制作楼梯、门窗、地板、玻璃幕墙、篱笆栅栏等方面应用较为广泛，例如当你缩放一扇带边框的门窗时，由于事先固定了门（窗）框尺寸，就可以实现门（窗）框尺寸不变，而是门（窗）整体尺寸变化。

5.5.3　操作题

使用本章学过的命令创建如图 5-24 所示的建筑草图模型。

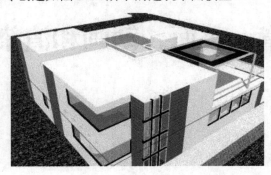

图 5-24　建筑草图模型

练习内容：

（1）创建建筑主体模型。

（2）创建窗户模型并设置为组。

（3）利用组件创建其他窗户模型。

第6章 页面、动画和渲染设计

 **本章导读**

　　一般在设计方案初步确定以后，我们会以不同的角度或属性设置不同的储存场景，通过【场景】标签的选择，可以方便地进行多个场景视图的切换，方便对方案进行多角度对比。另外，通过场景的设置可以批量导出图片。另外，SketchUp 还可以制作展示动画，并结合【阴影】或【剖切面】制作出生动有趣的光影动画和生长动画，为实现【动态设计】提供了条件。

　　本章将系统介绍设计后期中的页面设计、场景的设置、动画的制作，以及渲染设计等有关内容。

<table>
<tr><td rowspan="4">学习要求</td><td>学习目标
知识点</td><td>了解</td><td>理解</td><td>应用</td><td>实践</td></tr>
<tr><td>页面设计</td><td>√</td><td>√</td><td>√</td><td>√</td></tr>
<tr><td>动画设计</td><td>√</td><td>√</td><td>√</td><td>√</td></tr>
<tr><td>渲染设计</td><td>√</td><td>√</td><td>√</td><td></td></tr>
<tr><td></td><td></td><td></td><td></td><td></td></tr>
</table>

6.1　页面设计

在 SketchUp 设计中，选择适合的角度透视效果，作为一个页面（一张图片）。要出另外一个角度的透视效果时，需要添加新的页面。在对每一个页面如果做出角度或者阴影等的调整后产生新的效果时，应该对其进行"页面更新"，否则此页面将不会在该页面中保存所做的相应改动。因此，摄像机角度在页面设计中很重要。

6.1.1　【场景】管理器

SketchUp 中场景的功能主要用于保存视图和创建动画，场景可以存储显示设置、图层设置、阴影和视图等，通过绘图窗口上方的场景标签可以快速切换场景显示。SketchUp 2018包含了场景缩略图功能，用户可以在【场景】管理器中进行直观的浏览和选择。

执行【场景】管理器命令的方式为：在菜单栏中，选择【窗口】|【默认面板】|【场景】菜单命令，如图 6-1 所示。

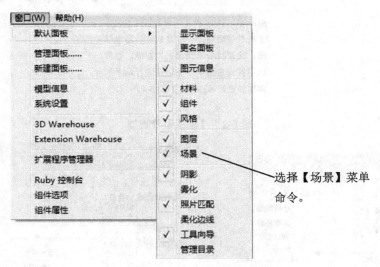

图 6-1　【场景】菜单命令

选择【窗口】|【场景】菜单命令即可打开【场景】管理器，通过【场景】管理器可以添加和删除场景，也可以对场景进行属性修改，如图 6-2 所示。

【向下移动场景】按钮

/【向上移动场景】

按钮 ：这两个按钮用
于移动场景的前后位置，
也可以在场景标签上用
鼠标右键单击，然后在弹
出的快捷菜单中选择【左
移】或者【右移】命令。

【删除场景】按扭 ：单
击该按钮将删除选择的场
景，也可以在场景标签上
用鼠标右键单击，然后在
弹出的菜单中执行【删除】
命令进行删除。

【添加场景】按钮 ：单
击该按钮将在当前相机设
置下添加一个新的场景。

【更新场景】按钮 ：如果
对场景进行了改变，则需要单
击该按钮进行更新，也可以在
场景标签上用鼠标右键单击，
然后在弹出的快捷菜单中选
择【更新】命令。

【查看选项】按钮 ：
单击此按钮可以改变场
景视图的显示方式，如图
6-3 所示。

【隐藏/显示详细信息】

按钮 ：每一个场景都

包含了很多属性设置，如
图 6-5 所示。单击该按钮
即可显示或者隐藏这些
属性。

SketchUp 2018 的【场景】管理器包含
了场景缩略图，可以直观显示场景视
图，使查找场景变得更加方便，也可
以用鼠标右键单击缩略图进行场景的
添加和更新等操作，如图 6-4 所示。

图 6-2　【场景】管理器

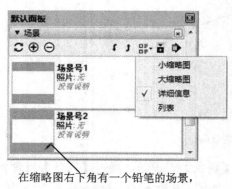

在缩略图右下角有一个铅笔的场景，
表示为当前场景。在场景数量多并且
难以快速准确找到所需场景的情况
下，这项新增功能显得非常重要。

图 6-3　查看选项

图 6-4　右键菜单

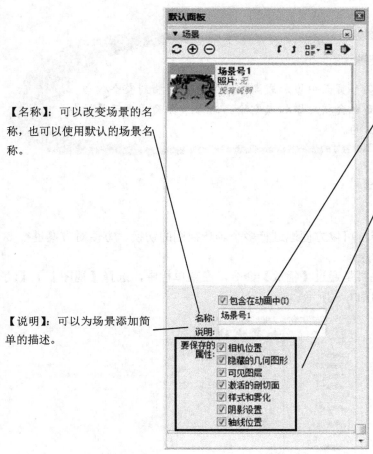

【名称】：可以改变场景的名称，也可以使用默认的场景名称。

【说明】：可以为场景添加简单的描述。

【包含在动画中】：当动画被激活以后，启用该复选框则场景会连续显示在动画中。如果禁用此复选框，则播放动画时会自动跳过该场景。

【要保存的属性】：包含了很多属性选项，选中则记录相关属性的变化，不选则不记录。在不选的情况下，当前场景的这个属性会延续上一个场景的特征。例如禁用【阴影设置】复选框，那么从前一个场景切换到当前场景时，阴影将停留在前一个场景的阴影状态下；同时，当前场景的阴影状态将被自动取消。如果需要恢复，就必须再次启用【阴影设置】复选框，并重新设置阴影，还需要再次刷新。

图 6-5　显示详细信息

单击绘图窗口左上方的场景标签可以快速切换所记录的视图窗口。用鼠标右键单击场景标签也能弹出【场景】管理命令，可对场景进行【更新】、【添加】或【删除】等操作，如图 6-6 所示。

在创建场景时，会弹出【警告】对话框，如图 6-7 所示，提示对场景进行保存。

图 6-6　右键菜单

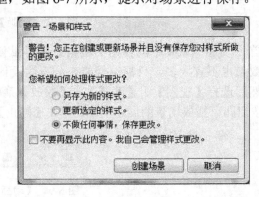

图 6-7　【警告】对话框

注意

在某个页面中增加或删除几何体会影响到整个模型，其他页面也会相应增加或删除。而每个页面的显示属性却都是独立的。

6.1.2 幻灯片演示

通过【场景】标签的选择，可以方便地进行多个场景视图的切换，方便对方案进行多角度对比，形成幻灯片演示效果。

幻灯片演示效果实现，主要是通过【播放】命令，在菜单栏中，选择【视图】|【动画】|【播放】菜单命令，如图 6-8 所示。

图 6-8　【视图】|【动画】|【播放】菜单命令

首先设定一系列不同视角的场景，并尽量使得相邻场景之间的视角与视距不要相差太远，数量也不宜太多，只需选择能充分表达设计意图的代表性场景即可。

然后选择【视图】|【动画】|【播放】菜单命令可以打开【动画】对话框，单击【播放】按钮即可播放场景的展示动画，单击【停止】按钮即可暂停动画的播放，如图 6-9 所示。

图 6-9　【动画】对话框

6.1.3 页面设计应用案例

本案例完成文件：ywj/06/6-2.skp

多媒体教学路径：多媒体教学→第 6 章→第 1 节

6.1.3.1 案例分析

SketchUp 场景创建，可以更好地观察想要设定的场景展现，这个案例就是利用现有的模型，经过多个场景创建，从而形成多页面场景的效果。

6.1.3.2 案例操作

Step1 打开图形

① 选择【文件】菜单中的【打开】按钮，打开 6-1.skp 文件，如图 6-10 所示。

② 打开创建好的模型案例。

图 6-10　打开图形

Step2 场景操作

① 选择菜单中【窗口】命令中的【默认面板】菜单中的【场景】命令，如图 6-11 所示。

② 打开【场景】对话框。

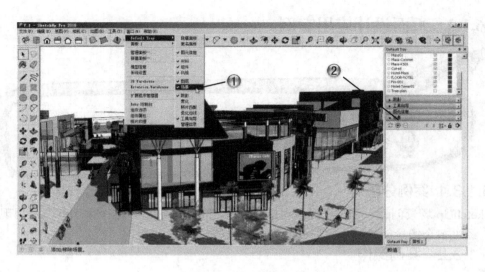

图 6-11　打开【场景】对话框

Step3 添加场景一

① 选择【添加场景】按钮，如图 6-12 所示。

② 在窗口中创建【场景一】。

图 6-12　创建场景一

 提示

先调整好视图角度，再创建场景。

！Step4 添加其他场景

① 选择【添加场景】按钮，如图 6-13 所示。

② 依次添加场景，页面设计完成，最终的多页面效果如图 6-14 所示。

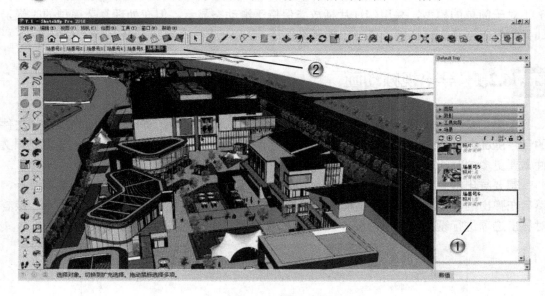

图 6-13 添加场景

图 6-14 最终多页面效果

6.2 动画设计

对于简单的模型，采用幻灯片播放能保持平滑动态显示，但在处理复杂模型的时候，如果仍要保持画面流畅就需要导出动画文件了。

6.2.1 导出视频动画

采用幻灯片播放时，每秒显示的帧数取决于计算机的即时运算能力，而导出视频文件的话，SketchUp 会使用额外的时间来渲染更多的帧，以保证画面的流畅播放，导出视频文件需要更多的时间。

想要导出动画文件，只需选择【文件】|【导出】|【动画】|【视频】菜单命令，然后在弹出的【输出动画】对话框中设定导出格式为（*.mp4 格式），如图 6-15 所示，接着对导出选项进行设置即可，如图 6-16 所示的【动画导出选项】对话框。

图 6-15　【输出动画】对话框

除了前文所讲述的直接将多个场景导出为动画以外，还可以将 SketchUp 的动画功能与其他功能结合起来生成动画。

此外，还可以将【剖切】功能与【场景】功能结合生成【剖切生长】动画。另外，还可以结合 SketchUp 的【阴影设置】和【场景】功能生成阴影动画，为模型带来阴影变化的视觉效果。

【桢尺寸（宽×长）】：这两个选项的数值用于控制每帧画面的尺寸，以像素为单位。一般情况下，帧画面尺寸设为 400 像素×300 像素或者 320 像素×240 像素即可。如果是 640 像素×480 像素的视频文件，那就可以全屏播放了。对视频而言，人脑在一定时间内对于信息量的处理能力是有限的，其运动连贯性比静态图像的细节更重要。所以，可以从模型中分别提取高分辨率的图像和较小帧画面尺寸的视频，既可以展示细节，又可以动态展示空间关系。如果是用 DVD 播放，画面的宽度需要 720 像素。电视机、大多数计算机屏幕和 1950 年前电影的标准比例是 4：3，宽银屏显示（包括数字电视、等离子电视等）的标准比例是 16：9。

【帧速率】：帧速率指每秒产生的帧画面数。帧速率与渲染时间以及视频文件大小呈正比，帧速率值越大，渲染所花费的时间以及输出后的视频文件就越大。帧速率设置为 3～10 帧/每秒是画面连续的最低要求；12～15 帧/每秒既可以控制文件的大小，也可以保证流畅播放；24～30 帧/每秒之间的设置就相当于【全速】播放了。当然，还可以设置 5 帧/每秒来渲染一个粗糙的试动画来预览效果，这样能节约大量时间，并且发现一些潜在的问题，例如高宽比不对、照相机穿墙等。

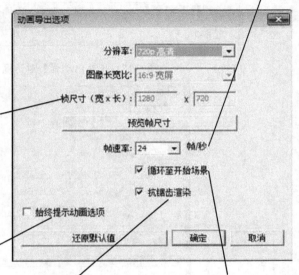

【始终提示动画选项】：在创建视频文件之前总是先显示这个选项对话框。

【抗锯齿渲染】：启用该复选框后，SketchUp 会对导出的图像作平滑处理。需要更多的导出时间，但是可以减少图像中的线条锯齿。

【循环至开始场景】：启用该复选框可以从最后一个场景倒退到第一个场景，创建无限循环的动画。导出 AVI 文件时，禁用此复选框即可让动画停到最后位置。

图 6-16　【动画导出选项】对话框

6.2.2　批量导出场景图像

当场景设置过多的时候，就需要批量导出图像，这样可以避免在场景之间进行烦琐的切换，并能节省大量的出图等待时间，此时采用【图像集】命令方式。

执行【图像集】命令的方式：在菜单栏中，选择【文件】|【导出】|【动画】|【图像集】菜单命令。然后在弹出的【输出动画】对话框中设定导出格式为（*.jpg 格式），如图 6-17 所示，接着对导出选项进行设置即可，如图 6-18 所示为【动画导出选项】对话框。

图 6-17 【输出动画】对话框

图 6-18 【动画导出选项】对话框

6.2.3 页面设计应用案例

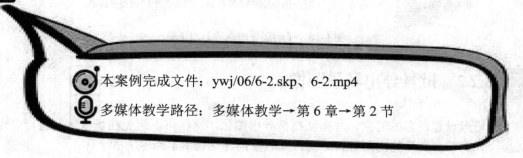

本案例完成文件：ywj/06/6-2.skp、6-2.mp4

多媒体教学路径：多媒体教学→第 6 章→第 2 节

6.2.3.1 案例分析

本案例就是利用上一个范例制作好的多场景页面，输出为动画的效果，从而成为动画视频。

6.2.3.2　案例操作

!**Step1 打开文件**

① 选择【文件】菜单中的【打开】命令，打开 6-2.skp 文件，如图 6-19 所示。

② 打开创建好的模型案例。

图 6-19　打开文件

!**Step2 输出视频**

① 选择【文件】|【导出】|【动画】|【视频】菜单命令，如图 6-20 所示。

② 打开【输出动画】对话框，设置输出的文件名称。

图 6-20　设置输出文件名

Step3 设置动画导出参数

① 单击【输出动画】对话框中的【选项】按钮，如图 6-21 所示。

② 打开【动画导出选项】对话框，设置其中的参数。

③ 单击【动画导出选项】对话框中的【确定】按钮。

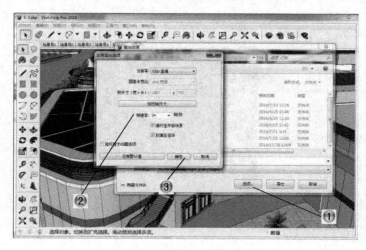

图 6-21　设置动画导出选项

Step4 导出动画

① 单击【输出动画】对话框中的【导出】按钮，如图 6-22 所示。

② 打开【正在输出动画...】对话框，进行输出，输出完成后，形成本例最终 mp4 动画视频。

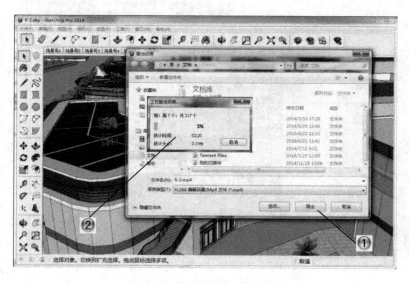

图 6-22　导出动画

6.3　渲染设计

虽然直接从 SketchUp 导出的图片已经具有比较好的效果，但是如果想要获得更具有说服力的效果图，就需要在模型的材质以及空间的光影关系方面进行更加深入的刻画。以往处理效果图的方法通常是将 SketchUp 模型导入到 3ds Max 中调整模型的材质，然后借助当前的主流渲染器 VRay for Max 获得商业效果图，但是这一环节制约了设计师对细节的掌控和完善，而一款能够和 SketchUp 完美兼容的渲染器成为设计人员的渴望。在这种情况下，VRay for SketchUp 诞生了。

6.3.1　VRay 基础

VRay 作为一款功能强大的全局光渲染器，可以直接安装在 SketchUp 软件中，能够在 SketchUp 中渲染出照片级别的效果图。其应用在 SketchUp 中的时间并不长，2007 年推出了它的第 1 个正式版本 VRay for SketchUp 1.0。后来，ASGVIS 公司根据用户反馈意见不断完善 VRay。

VRay for SketchUp 特征概述如下。

（1）优秀的全局照明（GI）

传统的渲染器在应付复杂的场景时，必须花费大量时间来调整不同位置的多个灯光，以得到均匀的照明效果。而全局光照明则不同，它用一个类似于球状的发光体包围整个场景，让场景的每一个角落都能受到光线的照射。VRay 支持全局照明，而且与同类渲染程序相比，效果更好，速度更快。不放置任何灯光的场景，VRay 利用 GI 就可以计算出比较自然的光线效果。

（2）超强的渲染引擎

VRay for SketchUp 提供了 4 种渲染引擎：发光贴图、光子贴图、纯蒙特卡罗和灯光缓存，每个渲染引擎都有各自的特性，计算方法不一样，渲染效果也不一样。用户可以根据场景的大小、类型和出图像素要求以及出图品质要求来选择合适的渲染引擎。

（3）支持高动态贴图（HDRI）

一般的 24bit 图片从最暗到最亮的 256 阶无法完整表现真实世界中的真正亮度，例如户外的太阳强光就比白色要亮上百万倍。而高动态贴图 HDRI 是一种 32bit 的图片，它记录了某个场景的环境的真实光线，因此 HDRI 对亮度数值的真实描述能力就可以成为渲染程序用来模拟环境光源的依据。

（4）强大的材质系统

VRay for SketchUp 的材质功能系统强大且设置灵活。除了常见的漫射、反射和折射，还增加有自发光的灯光材质，另外还支持透明贴图、双面材质、纹理贴图以及凹凸贴图，每个主要材质层后面还可以增加第二层、第三层，来得到真实的效果。利用光泽度和控制也能计算如磨砂玻璃、磨砂金属以及其他磨砂材质的效果，更可以透过"光线分散"计算如玉石、蜡和皮肤等表面稍微透光的材质。默认的多个程序控制的纹理贴图可以用来设置特殊的材质效果。

（5）便捷的布光方法

灯光照明在渲染出图中扮演着最重要的角色，没有好的照明条件便得不到好的渲染品质。光线的来源分为直接光源和间接光源。VRay for SketchUp 的全方向灯（点光）、矩形灯、自发光物体都是直接光源；环境选项里的 GI 天光（环境光）、间接照明选项里的一、二次反射等都是间接光源。利用这些，VRay for SketchUp 可以完美地模拟现实世界的光照效果。

（6）超快的渲染速度

比起 Brazil 和 Maxwell 等渲染程序，VRay 的渲染速度是非常快的。关闭默认灯光、打开 GI，其他都使用 VRay 默认的参数设置，就可以得到逼真的透明玻璃的折射、物体反射以及非常高品质的阴影。值得一提的是，几个常用的渲染引擎所计算出来的光照资料都可以单独存储起来，调整材质或者渲染大尺寸图片时可以直接导出而无需再次重新计算，可以节省很多计算时间，从而提高作图的效率。

调整材质或者渲染大尺寸图片时，可以直接导出而无需再次重新计算，可以节省很多计算时间，从而提高作图的效率。

（7）简单易学

VRay for SketchUp 参数较少、材质调节灵活、灯光简单而强大。只要掌握了正确的学习方法，多思考、勤练习，借助 VRay for SketchUp 很容易做出照明级别的效果图。

6.3.2 设置材质

要设置材质，可以用 Sketch Up【材质】编辑器的【提取材质】工具提取材质，V-Ray 材质面板会自动跳到该材质的属性上，并选择该材质，然后单击鼠标右键，在弹出的菜单中执行【Create Layer（创建图层）】|【Reflection（反射）】命令，如图 6-23 所示，并调整反射值，接着单击反射层后面的 M 符号，并在弹出的对话框中选择反射的模式，如图 6-24 所示，即可设置材质。

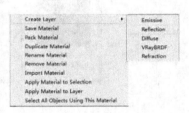

图 6-23　反射

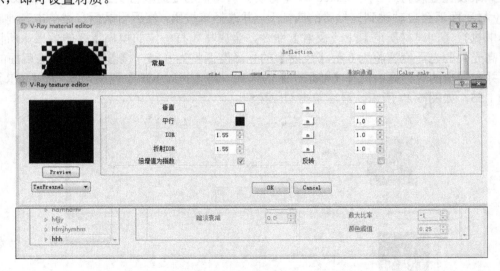

图 6-24　选择菲涅尔选项

如果需要调整水纹材质，可将反射调整为较大数值，并单击 M 符号，接着在弹出的对话框中渲染【TexNoise（噪波）】模式，如图 6-25 和图 6-26 所示。

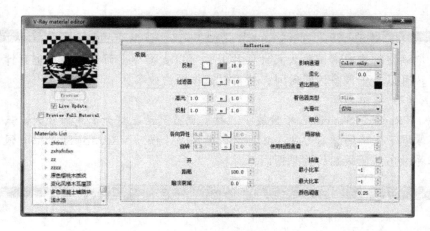

图 6-25　调整反射值

图 6-26　选择噪波模式

如果设置金属材质，用 Sketch UP【材质】对话框的【提取材质】工具 🖉，提取材质，VRay 材质面板会自动跳到该材质的属性上，并选择该材质，然后用鼠标右键单击在弹出的菜单中执行【创建材质层】｜【反射】命令，金属材质有一定的模糊反射的效果，所以要把【高光】的光泽度调整为 0.8，【反射】的光泽度调整为 0.85，接着单击反射层后面的 M 号，并在弹出的对话框中选择【菲尼尔】的模式，将【折射 IOR】调整为 6，将【IOR】调整为 1.55，如图 6-27 所示，最后单击 OK 按钮。

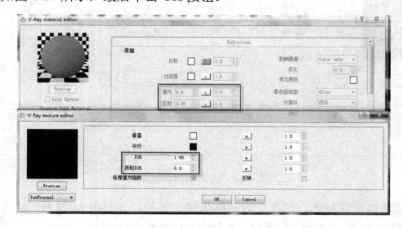

图 6-27　设置参数

6.3.3 环境和灯光设置

下面进行 Environment（环境）设置，打开 V-Ray 渲染设置面板，如图 6-28 所示。

图 6-28　环境设置

进行全局光颜色的设置，如图 6-29 所示。

图 6-29　全局光颜色设置

进行背景颜色的设置，如图 6-30 所示。

图 6-30　背景颜色设置

下面设置贴图对于环境的反映效果，将采样器类型更改为【自适应 Dmc】，设置【最大细分】参数，提高细节区域的采样，然后将【抗锯齿过滤器】激活，并选择常用的 Catmull Rom 过滤器，如图 6-31 所示。

图 6-31　贴图参数设置

进一步细化贴图效果，修改【Irradiance map】（发光贴图）中的数值，设置【最小比率】参数和【最大比率】参数，如图 6-32 所示。

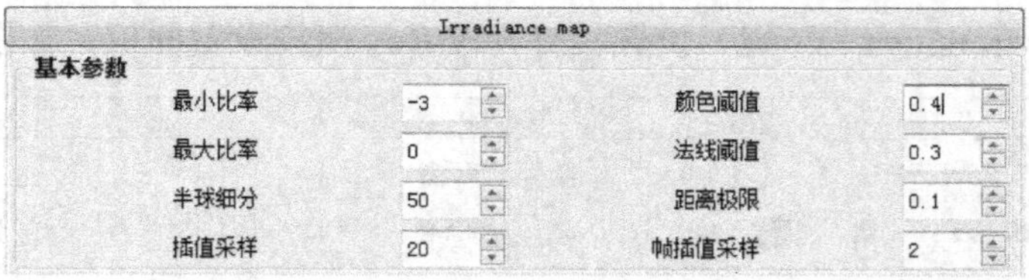

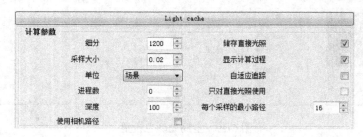

图 6-32　细化贴图参数设置

最后来设置灯光效果，主要通过【Light cache】（灯光缓存）中的【细分】参数来进行，如图 6-33 所示。

图 6-33　灯光参数设置

6.4　本章小结

在本章学到了怎样添加不同角度的场景并保存，可以方便地进行多个场景视图的切换。另外，也可以导出设置好的场景图片，让设计师能更好地多角度观察图形。希望大家全面掌握在 SketchUp 中导出动画的方法，以及批量导出场景图像的方法。动画场景的创建和渲染效果设计更能展现设计成果与意图，所以要勤加练习。

6.5　课后练习

6.5.1　填空题

（1）在某个页面中增加或删除几何体会影响到整个模型，其他页面也会相应增加或删除。而每个页面的显示属性却都是_____的。

（2）当场景设置过多的时候，就需要批量导出图像，这样可以避免在场景之间进行烦琐的切换，并能节省大量的出图等待时间，此时采用_____命令方式。

答案：

（1）独立。

（2）【图像集】。

6.5.2　问答题

SketchUp 中场景的功能有哪些？

答案：

SketchUp 中场景的功能主要用于保存视图和创建动画，场景可以存储显示设置、图层设置、阴影和视图等，通过绘图窗口上方的场景标签可以快速切换场景显示。

6.5.3　操作题

使用本章学过的命令，对轮船场景进行多页面设计，并导出如图 6-34 所示的多页面动画图片。

图 6-34　动画图片

练习内容：

（1）使用页面设计设置不同场景。

（2）制作场景转换动画。

（3）导出动画多页面图片。

第7章　剖切平面设计

本章导读

　　建筑模型效果虽然可以通过不同角度进行观察，但是主要看到的还是建筑外部效果，如果想同时看到内部效果，如同建筑图剖面图一样，就要使用剖切平面的功能。

　　本章主要讲解剖切平面功能的使用方法，包括创建剖面、编辑剖面和导出剖面，以及制作剖面动画。

学习要求	知识点＼学习目标	了解	理解	应用	实践
	创建和编辑剖切面	√	√	√	√
	导出剖切面和动画	√	√	√	√

7.1　创建和编辑剖切面

【剖切平面】是 SketchUp 中的特殊命令，用来控制截面效果。物体在空间的位置以及与群组和组件的关系，决定了剖切效果的本质。

7.1.1　创建剖切面

创建剖切面可以更方便观察模型内部结构，在作为展示的时候，可以让观察者更多更全面了解模型。

执行【剖切面】命令主要有以下几种方式：

- 在菜单栏中，选择【工具】|【剖切面】菜单命令，如图 7-1 所示。
- 在菜单栏中，选择【视图】|【工具栏】|【截面】菜单命令，打开【截面】工具栏，如图 7-2 所示，单击【剖切面】工具。

图 7-1　【剖切面】菜单命令

【剖切面】工具

图 7-2　【剖切面】工具

此时打开【放置剖切面】对话框，如图 7-3 所示，单击放置按钮后光标会出现一个剖切面，接着移动光标到几何体上，剖切面会对齐到所在表面上，移动截面至适当位置，然后用鼠标右键单击放置截面即可。

用户可以控制截面线的颜色，或者将截面线创建为组。使用【剖切平面】命令可以方便地对物体的内部模型进行观察和编辑，展示模型内部的空间关系，减少编辑模型时所需的隐藏操作。在【样式】对话框中可以对截面线的粗细和颜色进行调整，如图 7-4 所示。

图 7-3　【放置剖切面】对话框　　　　　　　图 7-4　样式

📅 7.1.2　编辑剖切面

编辑剖切面可以更方便地展示模型，可以把需要显示的地方表现出来，使观察者更好地观察模型内部。

（1）【截面】工具栏

【截面】工具栏中的工具可以控制全局截面的显示和隐藏。选择【视图】|【工具栏】|【截面】菜单命令即可打开【截面】工具栏，该工具栏共有 4 个工具，分别为【剖切面】工具 ⬖、【显示剖切面】工具 ⬔、【显示剖面切割】工具 ⬕ 和【显示剖面填充】工具 ⬗，如图 7-5 所示。

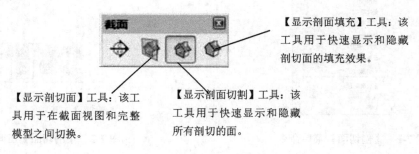

图 7-5　【截面】工具栏

（2）移动和旋转截面

使用【移动】工具 ✥ 和【旋转】工具 ↻ 可以对截面进行移动和旋转。

与其他实体一样，使用【移动】工具 ✥ 和【旋转】工具 ↻ 可以对截面进行移动和旋转，如图 7-6 所示。

（a）移动截面 　　　　　　　　　　　　（b）旋转截面

图 7-6　移动和旋转截面

（3）反转截面的方向

在剖切面上用鼠标右键单击，然后在弹出的快捷菜单中选择【反转】命令，或者直接选择【编辑】｜【剖切面】｜【翻转】菜单命令，可以翻转剖切的方向，如图 7-7 所示。

（4）激活截面

放置一个新的截面后，该截面会自动激活。在同一个模型中可以放置多个截面，但一次只能激活一个截面，激活一个截面的同时会自动淡化其他截面。

虽然一次只能激活一个截面，但是组合组件相当于【模型中的模型】，在它们内部还可以有各自的激活截面。例如一个组里还嵌套了两个带剖切面的组，并且分别具有不同的剖切方向，再加上这个组的一个截面，那么在这个模型中就能对该组同时进行 3 个方向的剖切。也就是说，剖切面能作用于它所在的模型等级（包括整个模型、组合嵌套组等）中的所有几何体。

（5）将截面对齐到视图

要得到一个传统的截面视图，可以在截面上用鼠标右键单击，然后在弹出的快捷菜单中选择【对齐视图】命令。此时截面对齐到屏幕，显示为一点透视截面或正视平面截面，如图 7-8 所示。

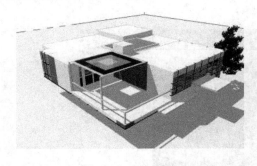
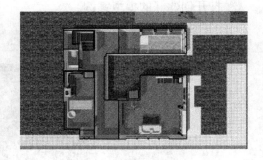

图 7-7　反转截面 　　　　　　　　　　图 7-8　对齐视图

（6）从剖面创建组

在截面上用鼠标右键单击，然后在弹出的快捷菜单中选择【从剖面创建组】命令。在截面与模型表面相交的位置会产生新的边线，并封装在一个组中，如图 7-9 所示。从剖切口创建的组可以被移动，也可以被分解。

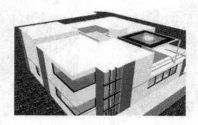

图 7-9　从剖面创建组

7.1.3　剖切面制作应用案例

本案例完成文件：ywj/07/7-1.skp

多媒体教学路径：多媒体教学→第 7 章→第 1 节

7.1.3.1　案例分析

本案例就是介绍 SketchUp 剖切面工具的用法，经常会用到快速表现建筑、景观方案，通过剖切面工具展示内部结构或者空间效果。

7.1.3.2　案例操作

Step1 打开图形

① 选择【文件】菜单中的【打开】按钮，打开 7-1.skp 文件，如图 7-10 所示。

② 打开创建好的模型案例。

图 7-10　打开图形

Step2 剖切工具

① 选择【剖切面】命令，如图 7-11 所示。

② 鼠标放在需要剖切的地方。

图 7-11　选择【剖切面】工具

Step3 剖切面

① 红色区域就是选择的剖切面，如图 7-12 所示。

② 灰色区域就是剖切面。

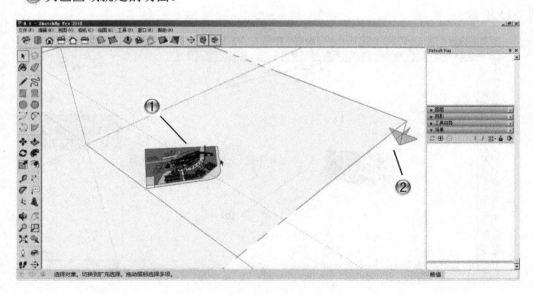

图 7-12　剖切面

Step4 显示/隐藏剖面切割

① 选择【显示剖面切割】按钮，如图 7-13 所示。

② 可以在视图中隐藏或者显示剖面切割。

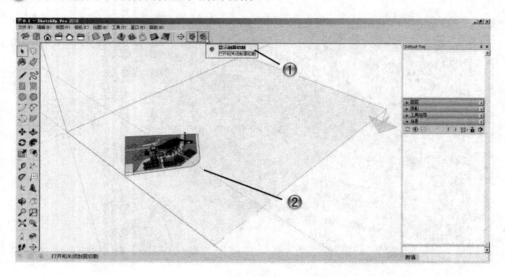

图 7-13　显示/隐藏剖面切割

Step5 显示/隐藏剖切面

① 选择【显示剖切面】按钮，如图 7-14 所示。

② 可以在视图中隐藏或者显示剖切面。这样，这个案例就制作完成了，最终效果如图 7-15 所示。

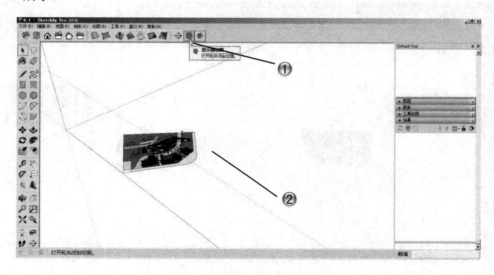

图 7-14　显示/隐藏剖切面

图 7-15　最终效果

7.2　导出剖切面和动画

　　导出剖切平面,可以很方便地应用到其他绘图软件中,例如将剖面导出为 DWG 和 DXF 格式的文件,这两种格式的文件可以直接应用于 AutoCAD 中。这样可以利用其他软件对图形进行修改。另外,结合 SketchUp 的剖面功能和页面功能可以生成剖面动画。例如在建筑设计方案中,可以制作剖面生长动画,带来建筑层层生长的视觉效果。

7.2.1　导出剖切面

SketchUp 的剖面可以导出为以下两种类型。

　　第 1 种:将剖切视图导出为光栅图像文件。只要模型视图中有激活的剖切面,任何光栅图像导出都会包括剖切效果。

　　第 2 种:将剖面导出为 DWG 和 DXF 格式的文件,这两种格式的文件可以直接应用于 AutoCAD 中。

选择【文件】|【导出】|【剖面】菜单命令，打开【输出二维剖面】对话框，设置【文件类型】为【AutoCAD DWG 文件（*.dwg）】，如图 7-16 所示。

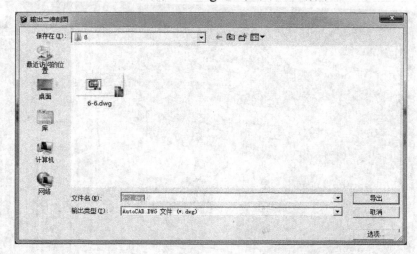

图 7-16　输出二维剖面

设置文件保存的类型后即可直接导出，也可以单击【选项】按钮，打开【二维剖面选项】对话框，如图 7-17 所示，然后在该对话框中进行相应的设置，再进行输出。

图 7-17　二维剖面选项

7.2.2　输出剖切面动画

要制作剖切面动画，首先完成模型信息的设置。

首先需要选择【窗口】|【模型信息】菜单命令，打开【模型信息】对话框，如图 7-18 所示。

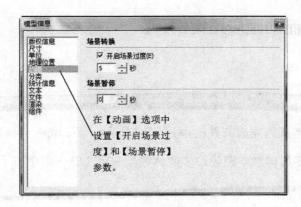

图 7-18　模型信息设置

然后选择【文件】|【导出】|【动画】|【视频】菜单命令，就可以导出动画，如图 7-19 和图 7-20 所示。

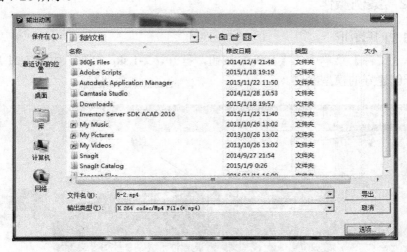

图 7-19　【输出动画】对话框

图 7-20　【动画导出选项】对话框

7.2.3 剖切面动画应用案例

本案例完成文件：ywj/07/7-2-2.skp、7-2.mp4

多媒体教学路径：多媒体教学→第 7 章→第 2 节

7.2.3.1 案例分析

本案例就是用 SketchUp 制作建筑生长动画的效果，使用剖切动画制作出建筑生长的效果。

7.2.3.2 案例操作

Step1 打开图形

① 选择【文件】菜单中的【打开】按钮，打开 7-2-1.skp 文件，如图 7-21 所示。

② 打开创建好的模型案例。

图 7-21　打开图形

Step2 剖切工具

① 选择【剖切面】命令，如图 7-22 所示。

② 鼠标放在需要剖切的地方。

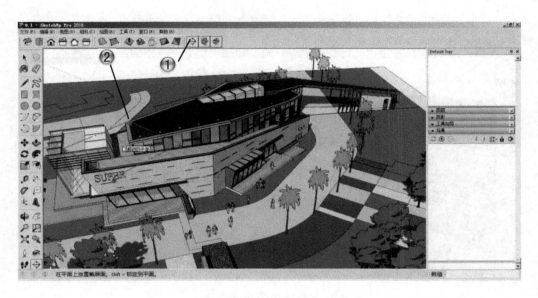

图 7-22　选择【剖切面】工具

! Step3 剖切面

① 红色区域就是选择的剖切面，如图 7-23 所示。

② 先从底部进行剖切。

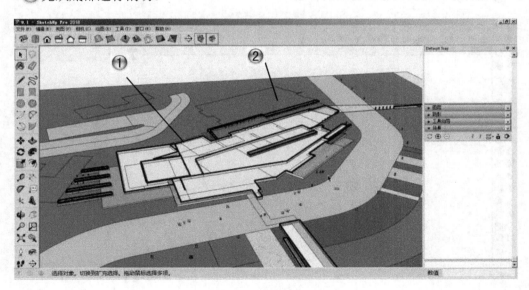

图 7-23　剖切面

! Step4 添加场景

① 选择【添加场景】按钮，如图 7-24 所示。

② 添加场景 1。

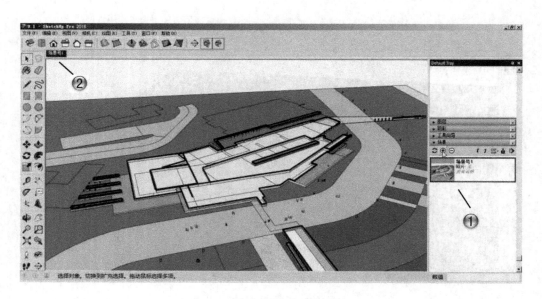

图 7-24　添加场景

!Step5 移动复制剖切面

① 选择剖切面，如图 7-25 所示。

② 选择移动工具，移动复制剖切面。

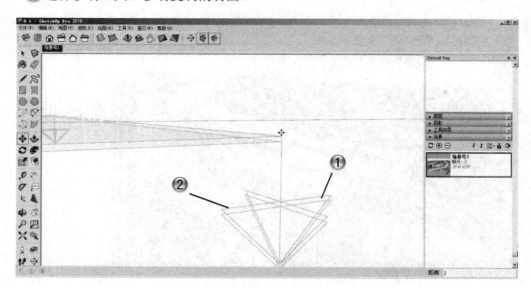

图 7-25　移动复制剖切面

!Step6 隐藏剖切面

① 选择下面的剖切面，如图 7-26 所示。

② 用鼠标右键单击，选择【隐藏】命令。

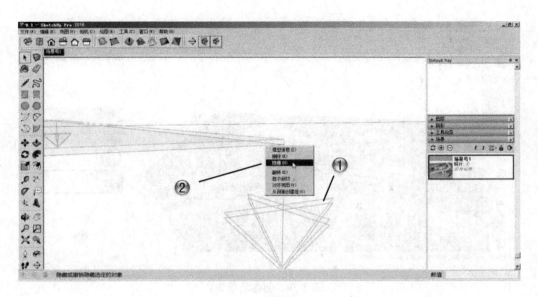

图 7-26　隐藏剖切面

Step7 显示剖切

① 选择剖切面，如图 7-27 所示。

② 用鼠标右键单击，选择【显示剖切】命令。

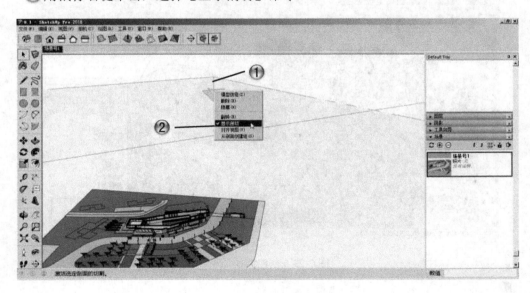

图 7-27　显示剖切

Step8 创建场景

① 隐藏剖切面，如图 7-28 所示。

② 创建场景 2。

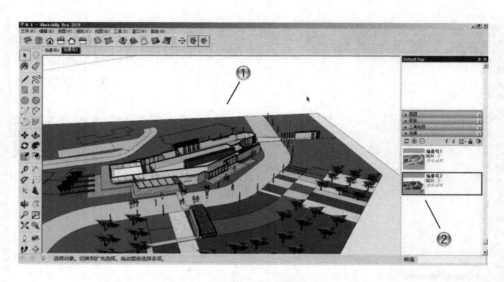

图 7-28　创建场景 2

Step9 创建其他场景

① 创建其他场景，如图 7-29 所示。

② 转换到其他场景。

图 7-29　创建其他场景

Step10 导出动画

① 选择菜单中【文件】|【导出】|【动画】|【视频】菜单命令，导出动画，如图 7-30 所示。

② 打开【输出动画】对话框，单击【导出】按钮，即可输出动画，案例制作完成。

图 7-30　导出动画

7.3　本章小结

通过本章学习，大家应掌握 SketchUp 中创建截面的方法、编辑截面的方法、导出截面的方法和截面生长动画的制作，创建截面可以了解所创建模型的内部结构。

7.4　课后练习

7.4.1　填空题

（1）【截面】工具栏中的工具可以控制全局截面的_____和_____。
（2）要制作剖切面动画，首先完成_____的设置。

　答案：

（1）显示，隐藏。
（2）模型信息。

7.4.2　问答题

哪些因素决定了剖切效果的本质？

答案：

物体在空间的位置以及与群组和组件的关系，决定了剖切效果的本质。

7.4.3　操作题

使用本章学过的命令创建如图 7-31 所示的建筑生长动画效果。

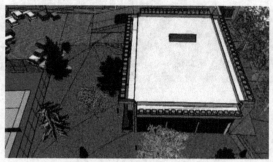

图 7-31　建筑生长动画

练习内容：

（1）运用剖切面工具创建建筑的不同剖面。

（2）设置不同剖面场景。

（3）导出场景动画。

第8章 沙箱工具和插件

 **本章导读**

  不管是城市规划、园林景观设计还是游戏动画的场景，创建一个好的地形环境能为设计增色不少，地形是建筑效果和景观效果中很重要的部分，SketchUp 创建地形有其独特的优势，也很方便快捷。从 SketchUp 5 以后，创建地形使用的都是沙箱工具。

  使用插件可以快速简洁地完成很多模型效果，这在 SketchUp 设计中很有用，安装和使用插件是设计师在草图设计中的必修课。为了让用户熟悉 SketchUp 的基本工具和使用技巧，都没有使用 SketchUp 以外的工具。但是在制作一些复杂模型时，使用 SketchUp 自身的工具来制作就会很烦琐，在这种时候使第三方的插件会起到事半功倍的作用。

  另外，SketchUp 可以与 AutoCAD、3dsMax 等相关图形处理软件共享数据成果，以弥补 SketchUp 在精确建模方面的不足。

  本章主要介绍沙箱工具创建地形的方法，以及一些常用插件，这些插件都是专门针对 SketchUp 的缺陷而设计开发的，具有很高的实用性。另外，本章还将介绍与其他文件的导入导出方法。

学习要求	学习目标 知识点	了解	理解	应用	实践
	应用沙箱工具	√	√	√	√
	使用插件设计	√	√	√	√
	图形文件的导入导出	√	√	√	

8.1   应用沙箱工具

确切地说，沙箱工具也是一个插件，它是用 Ruby 语言结合 SketchUp Ruby API 编写的，并对其源文件进行了加密处理。从 SketchUp 2014 开始，其沙箱功能自动加载到软件中，本节就对沙箱工具进行讲解。

8.1.1   【沙箱】工具栏

选择【视图】|【工具栏】|【沙箱】菜单命令将打开沙箱工具栏，该工具栏中包含了 7 个工具，分别是【根据等高线创建】工具 、【根据网格创建】工具 、【曲面起伏】工具 、【曲面平整】工具 、【曲面投射】工具 、【添加细部】工具 和【对调角线】工具 ，如图 8-1 所示。

图 8-1   沙箱工具栏

8.1.2   沙箱工具介绍

下面分别介绍沙箱工具的用途和使用方法。

（1）根据等高线创建

使用【根据等高线创建】工具 （或选择【绘图】|【沙箱】|【根据等高线创建】菜单命令），可以让封闭相邻的等高线形成三角面。等高线可以是直线、圆弧、圆、曲线等，使用该工具将会使这些闭合或不闭合的线封闭成面，从而形成坡地。

例如使用【手绘线】工具 ，创建地形，如图 8-2 所示。

图 8-2   徒手画工具

选择绘制好的等高线，然后使用【根据等高线工具创建】工具，生成的等高线地形会自动形成一个组，在组外将等高线删除，如图 8-3 所示。

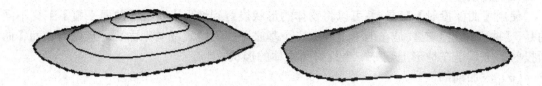

图 8-3　根据等高线工具创建

（2）根据网格创建

使用【根据网格创建】工具 （或者选择【绘图】｜【沙箱】｜【根据网格创建】菜单命令）可以根据网格创建地形。当然，创建的只是大体的地形空间，并不十分精确。如果需要精确的地形，还要使用上文提到的【根据等高线工具创建】工具。

（3）曲面起伏

使用【曲面起伏】 工具可以将网格中的部分进行曲面拉伸。在 SketchUp 中，【设置场景坐标轴】与【显示十字光标】这两个操作并不常用，特别对于初学者来说，不需要过多地去研究，有一定的了解即可。

（4）曲面平整

使用【曲面平整】工具 可以在复杂的地形表面上创建建筑基面和平整场地，使建筑物能够与地面更好地结合。使用【曲面平整】工具不支持镂空的情况，遇到有镂空的面会自动闭合；同时，也不支持 90 度垂直方向或大于 90 度以上的转折，遇到此种情况会自动断开，如图 8-4 所示。

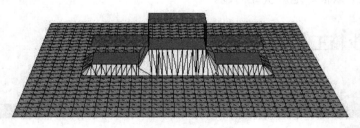

图 8-4　曲面平整工具创建

提示

在 SketchUp 中剖面图的绘制、调整、显示很方便，可以很随意地完成需要的剖面图，设计师可以根据方案中垂直方向的结构、构件等去选择剖面图，而不是为了绘制剖面图而绘制。

（5）曲面投射

使用【曲面投射】工具 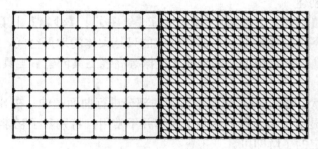 可以将物体的形状投射到地形上。与【曲面平整】工具不同的是，【曲面平整】工具是在地形上建立一个基底平面使建筑物与地面更好地结合，而【曲面投射】工具是在地形上划分一个投射面物体的形状。

（6）添加细部

使用【添加细部】工具 可以在根据网格创建地形不够精确的情况下，对网格进行进一步修改。细分的原则是将一个网格分成 4 块，共形成 8 个三角面，但破面的网格会有所不同，如图 8-5 所示。

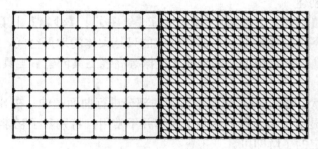

图 8-5　添加细部工具

（7）翻转边线

使用【对调角线】工具 可以人为地改变地形网格边线的方向，对地形的局部进行调整。某些情况下，对于一些地形的起伏不能顺势而下，选择【对调角线】命令，改变边线凹凸的方向就可以很好地解决此问题。

8.1.3　沙箱工具应用案例

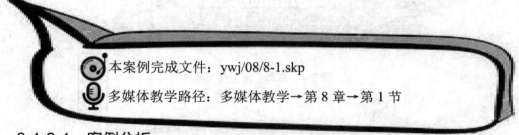

本案例完成文件：ywj/08/8-1.skp

多媒体教学路径：多媒体教学→第 8 章→第 1 节

8.1.3.1　案例分析

本案例就是利用沙箱工具制作山地效果，【沙箱】工具的曲面投射，也叫悬置、投影等，也是曲面建模过程中一个较方便的命令，这个案例主要就是运用这个命令。

8.1.3.2　案例操作

Step1　绘制手绘线

① 选择大工具集中的【手绘线】命令，如图 8-6 所示。

② 绘制手绘线。

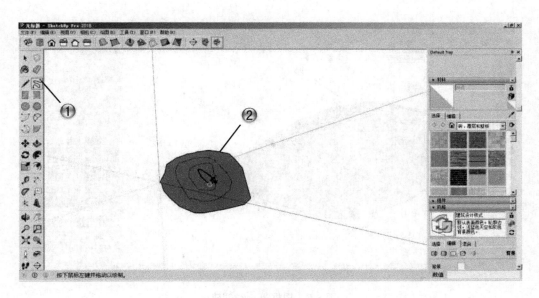

图 8-6　绘制手绘线

Step2 移动手绘线

① 选择大工具集中的【移动】命令，如图 8-7 所示。

② 移动手绘线高度调成空间线。

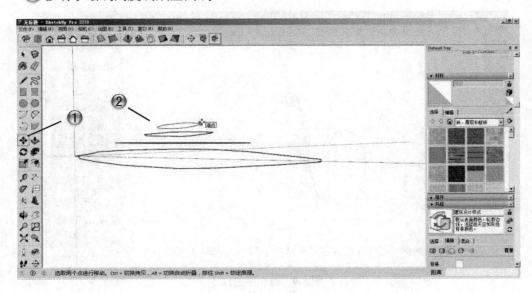

图 8-7　移动手绘线

Step3 根据等高线创建

① 选择【根据等高线创建】工具，如图 8-8 所示。

② 等高线创建模型。

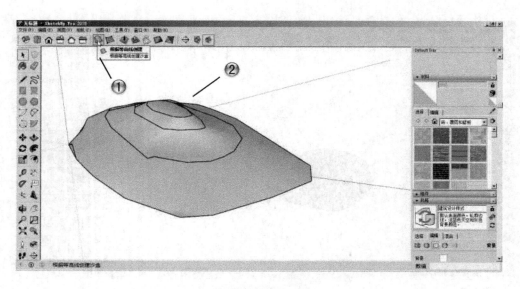

图 8-8　根据等高线创建

Step4 绘制手绘线

① 选择大工具集中的【手绘线】命令，如图 8-9 所示。

② 绘制手绘线。

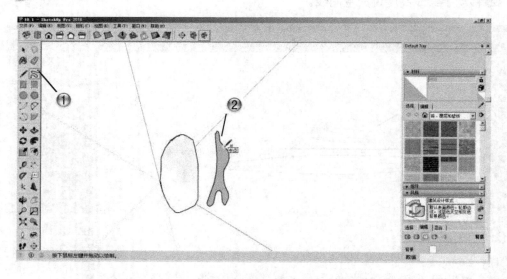

图 8-9　绘制手绘线

Step5 曲面投射

① 将手绘线移动到坡地正上方，调至合适位置，选择【曲面投射】命令，如图 8-10 所示。

② 然后用鼠标点击坡地，这样，范例就制作完成了。

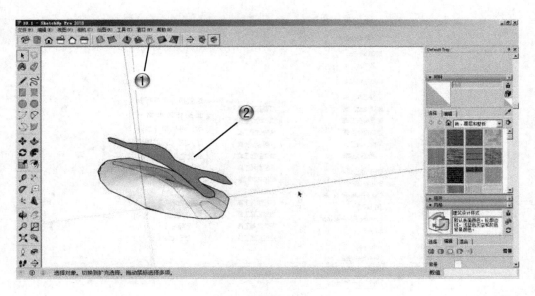

图 8-10　曲面投射

8.2　使用插件

SketchUp 的插件也称为脚本（Script），它是用 Ruby 语言编制的实用程序。在 2004 年 SketchUp 发布 4.0 版本的时候，增加了针对 Ruby 语言的接口，这是一个完全开放的接口，任何人只要熟悉一下 Ruby 语言就可以自行扩展 SketchUp 的功能。Ruby 语言由日本人松本行弘所开发的，是一种为简单快捷面向对象编程（面向对象程序设计）而创建的脚本语言，掌握起来比较简单，容易上手。这就使得 SketchUp 的插件如同雨后春笋一般发展起来，到目前为止，SketchUp 的插件数量已不下千种。正是由于 SketchUp 插件的繁荣才给 SketchUp 带来了无尽的活力。

8.2.1　标记线头插件

通常插件程序文件的后缀名为.rb。一个简单的 SketchUp 插件只有一个.rb 文件，复杂一点的可能会有多个.rb 文件，并带有自己文件夹和工具图标。安装插件时只需要将他们复制到 SketchUp 安装的 Plugins 子文件夹即可。个别插件有专门的安装文件，在安装时可与 Windows 应用程序一样进行安装。

执行【标记线头】命令的方法如下：

在菜单栏中，选择【扩展程序】|【线面辅助工具】|【查找线头工具】|【标记线头】命令，如图 8-11 所示。

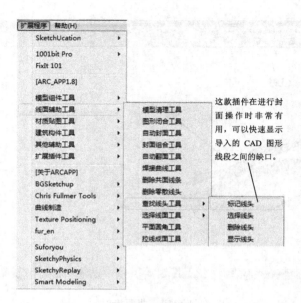

图 8-11 　【标记线头】菜单命令

8.2.2　焊接曲线工具插件

执行【焊接曲线工具】命令的方法如下。

在菜单栏中，选择【扩展程序】|【线面辅助工具】|【焊接曲线工具】命令，如图 8-12 所示。

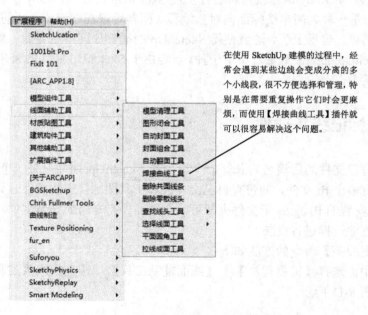

图 8-12 　【焊接曲线工具】菜单命令

8.2.3 拉线成面工具插件

执行【拉线成面工具】命令的方法如下。

在菜单栏中，选择【扩展程序】|【线面辅助工具】|【拉线成面工具】命令。

使用时选定需要挤压的线就可以直接应用该插件，挤压的高度可以在数值输入框中输入准确数值，当然也可以通过拖曳光标的方式拖出高度。拉伸线插件可以快速将线拉伸成面，其功能与 SUAAP 中的【线转面】功能类似。

有时在制作室内场景时，可能只需要单面墙体，通常的做法是先做好墙体截面，然后使用【推/拉】工具 ![push/pull icon] 推出具有厚度的墙体，接着删除朝外的墙面，才能得到需要的室内墙面，操作起来比较麻烦。使用 Extruded Lines 插件（【拉线成面工具】插件）可以简化操作步骤，只需要绘制出室内墙线就可以通过这个插件 挤压出单面墙。

【拉线成面工具】插件不但可以对一个平面上的线进行挤压，而且对空间曲线同样适用。如在制作旋转楼梯的扶手侧边曲面时，有了这个插件后就可以直接挤压出曲面，如图 8-13 所示。

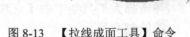

图 8-13　【拉线成面工具】命令

8.2.4 距离路径阵列插件

执行【距离路径阵列】命令的方法为：在菜单栏中，选择【扩展程序】|【模型组件工具】|【距离路径阵列】命令，如图 8-14 所示。

在 SketchUp 中沿直线或圆心阵列多个对象是比较容易的，但是沿一条稍复杂的路径进行阵列就很难了，遇到这种情况可以使用【距离路径阵列】插件来完成。【距离路径阵列】插件只对组和组件进行操作。

图 8-14　【距离路径阵列】插件

8.2.5 使用插件设计应用案例

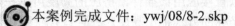

本案例完成文件：ywj/08/8-2.skp

多媒体教学路径：多媒体教学→第 8 章→第 2 节

8.2.5.1 案例分析

本案例是使用插件制作一个简易厂房的建筑物，插件的使用可以使作图更加高效，节省时间，做出更加复杂的模型。

8.2.5.2 案例操作

Step1 绘制直线

① 选择大工具集中的【直线】按钮，如图 8-15 所示。

② 绘制直线。

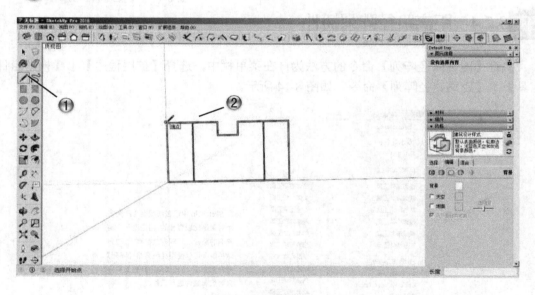

图 8-15 绘制直线

Step2 查找线头

① 选择线，如图 8-16 所示。

② 选择插件中的【查找线头】命令。

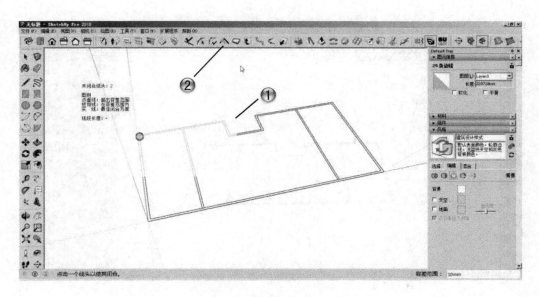

图 8-16　查找线头

Step3　修复直线

① 选择线，如图 8-17 所示。
② 选择插件中的【修复直线】命令。

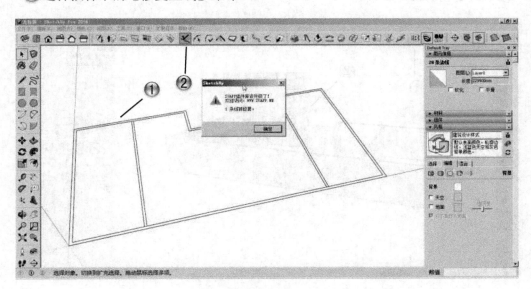

图 8-17　修复直线

Step4　拉线成面

① 选择线，如图 8-18 所示。
② 选择插件中的【拉线成面】命令。

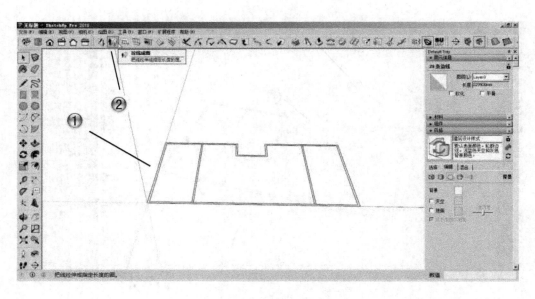

图 8-18　拉线成面

Step5 绘制窗户

① 单击插件中的【墙体开窗】按钮，如图 8-19 所示。

② 打开参数设置对话框。

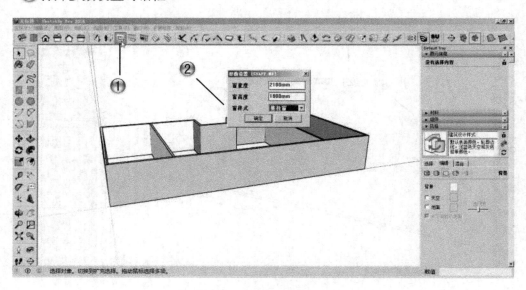

图 8-19　绘制窗户

Step6 放置窗户

① 放置窗户，如图 8-20 所示。

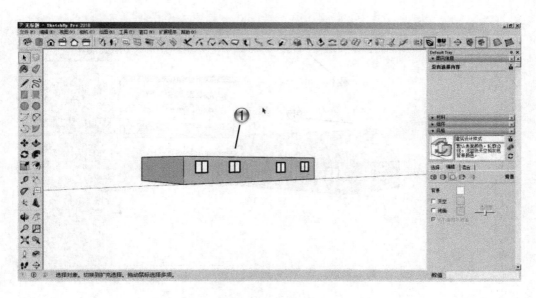

图 8-20　放置窗户

Step7 绘制直线

① 选择大工具集中的【直线】按钮，如图 8-21 所示。

② 绘制直线。

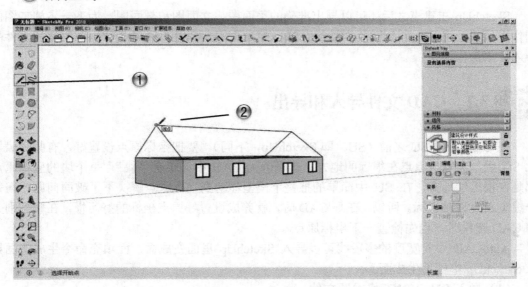

图 8-21　绘制直线

Step8 生成面域

① 选择上一步的直线，如图 8-22 所示。

② 选择插件中的【生成面域】命令，绘制完成简易厂房，案例制作完成。

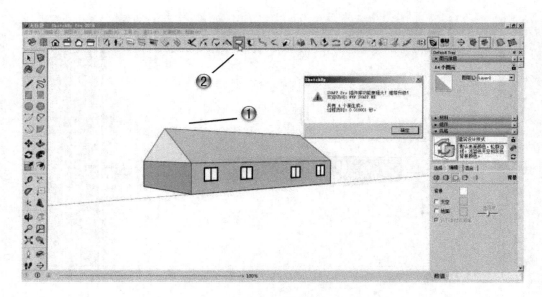

图 8-22　生成面域

8.3　文件导入和导出

SketchUp 在建模之后还可以导出准确的平面图、立面图和剖面图，为下一步施工图的制作提供基础条件。在本节将详细介绍 SketchUp 与几种常用软件的衔接，不同格式文件的导入导出操作。

8.3.1　CAD 文件导入和导出

在 CAD 导入 SU 之前（SU，即 SketchUp，下同），要把坐标原点设置好，有些时候导入 SU 后，会发现原点在很远的地方，这是因为 CAD 中如果有"块"，每个块的坐标原点都是在很远的地方。在 SU 中简单的把整个模型移动到坐标原点解决不了破面问题，得每个组重新设置轴坐标。所以，在画 CAD 时，就养成设置好原点坐标的好习惯，在拿到别人的 CAD 建模时，也先检查一下坐标原点。

AutoCAD 中有宽度的多段线可以导入 SketchUp 里面变成面，而填充命令生成的面导入 SketchUp 中则不生成面。

（1）导入 DWG/DXF 格式的文件

作为真正的方案推敲软件，SketchUp 必须支持方案设计的全过程。粗略抽象的概念设计是重要的，但精确的图纸也同样重要。因此，SketchUp 一开始就支持导入和导出 AutoCAD 的 DWG / DXF 格式的文件。

选择【文件】|【导入】菜单命令，然后在弹出的【导入】对话框中设置【文件类型】为【AutoCAD 文件（*. dwg，*. dxf）】，如图 8-23 所示。

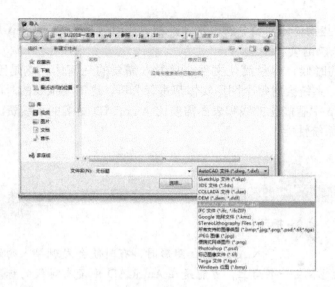

图 8-23 【导入】对话框

单击选择需要导入的文件，然后单击【选项】按钮 选项(P)...，接着在弹出的【导入 AutoCAD DWG/DXF 选项】对话框中，根据导入文件的属性选择一个导入的单位，一般选择为【毫米】或者【米】，如图 8-24 所示，最后单击【确定】按钮。

完成设置后单击【确定】按钮，开始导入文件。导入完成后，SketchUp 会显示一个导入实体的报告，如图 8-25 所示。

【合并共面平面】：导入 DWG 或 DXF 格式的文件
时，会发现一些平面上有三角形的划分线。手工删
除这些多余的线是很麻烦的，可以使用该选项让
SketchUp 自动删除多余的划分线。

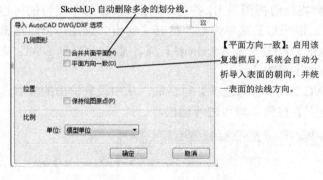

【平面方向一致】：启用该
复选框后，系统会自动分
析导入表面的朝向，并统
一表面的法线方向。

图 8-24 导入 AutoCAD DWG/DXF 选项　　　　图 8-25 导入结果

如果导入之前，SketchUp 中已经有了别的实体，那么所有导入的几何体会合并为一个组，以免干扰（黏住）已有的几何体，但如果是导入到空白文件中就不会创建组。

SketchUp 支持导入的 AutoCAD 实体包括线、圆弧、圆、多段线、面、有厚度的实体、三维面、嵌套的图块及图层。目前，SketchUp 还不能支持 AutoCAD 实心体、区域、样条线、锥形宽度的多段线、XREFS、填充图案、尺寸标注、文字和 ADT、ARX 物体，这些在导入时将被忽略。如果想导入这些未被支持的实体，需要在 AutoCAD 中先将其分解（快

捷键为 X 键），有些物体还需要分解多次才能在导出时转换为 SketchUp 几何体，有些即使被分解也无法导入，请读者注意。

在导入文件的时候，尽量简化文件，只导入需要的几何体。这是因为导入一个大的 AutoCAD 文件时，系统会对每个图形实体都进行分析，这需要很长的时间，而且一旦导入后，由于 SketchUp 中智能化的线和表面需要比 AutoCAD 更多的系统资源，复杂的文件会降低 SketchUp 的系统性能。

 提示

在导入 AutoCAD 图形时，有时候会发现导入的线段不在一个面上，可能是在 AutoCAD 中没有对线的标高进行统一。如果已经统一了标高，但是导入后还是会出现线条弯曲的情况，或者是出现线条晃动的情况，建议复制这些线条，然后重新打开 SketchUp 并粘贴至一个新的文件中。

（2）导出 DWG/DXF 格式的二维矢量图文件

SketchUp 允许将模型导出为多种格式的二维矢量图，包括 DWG、DXF、EPS 和 PDF 格式。导出的二维矢量图可以方便地在任何 CAD 软件或矢量处理软件中导入和编辑。SketchUp 的一些图形特性无法导出到二维矢量图中，包括贴图、阴影和透明度。在绘图窗口中调整好视图的视角（SketchUp 会将当前视图导出，并忽略贴图、阴影等不支持的特性）。

选择【文件】|【导出】|【二维图形】菜单命令，打开【输出二维图形】对话框，然后设置【文件类型】为【AutoCAD DWG 文件（*.dwg)】或者【AutoCAD DWG 文件（*.dxf)】接着设置导出的文件名，如图 8-26 所示。

单击【选项】按钮，弹出【DWG/DXF 消隐选项】对话框，从中设置输出的参数，如图 8-27 所示。完成设置后单击【确定】按钮，即可进行输出。

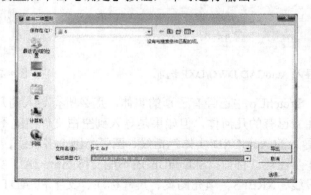

图 8-26　输出二维图形

【AutoCAD 版本】选项组：
在该选项组中可以选择导
出的 AutoCAD 版本。

【在图纸中】/【在模型中的样式】：【在图纸中】和【在模型中的样式】的比例就是导出时的缩放比例。例如，【在图纸中】/【在模型中的样式】：1 毫米/1 米，那就相当于导出 1：1000 的图形。另外，开启【透视显示】模式时不能定义这两项的比例，即使在【平行投影】模式下，也必须是表面的法线垂直视图时才可以。

【无】：如果设置【导出】为【无】，则导出时会忽略屏幕显示效果而导出正常的线条；如果没有设置该项，则 SketchUp 中显示的轮廓线会导出为较粗的线。

【有宽度的折线】：如果设置【导出】为【有宽度的折线】，则导出的轮廓线为多段线实体。

【宽线图元】：如果设置【导出】为【宽线图元】，则导出的剖面线为粗线实体。该项只有导出 AutoCAD 2000 以上版本的 DWG 文件才有效。

【在图层上分离】：如果设置【导出】为【在图层上分离】，将导出专门的轮廓线图层，便于在其他程序中设置和修改。SketchUp 的图层设置在导出二维消隐线矢量图时不会直接转换。

【实际尺寸】：启用该复选框将按真实尺寸 1：1 导出。

【宽度】/【高度】：定义导出图形的宽度和高度。

【默认值】按钮：单击该按钮可以恢复系统默认值。

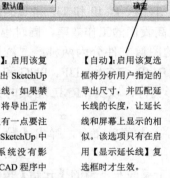

【始终提示消隐选项】：启用该复选框后，每次导出为 DWG 和 DXF 格式的二维矢量图文件时都会自动打开【DWG/DXF 消隐线选项】对话框；如果禁用该复选框，将使用上次的导出设置。

【显示延长线】：启用该复选框后，将导出 SketchUp 中显示的延长线。如果禁用该复选框，将导出正常的线条。这里有一点要注意，延长线在 SketchUp 中对捕捉参考系统没有影响，但在别的 CAD 程序中就可能出现问题，如果想编辑导出的矢量图，最好禁止该项。

【自动】：启用该复选框将分析用户指定的导出尺寸，并匹配延长线的长度，让延长线和屏幕上显示的相似。该选项只有在启用【显示延长线】复选框时才生效。

【长度】：用于指定延长线的长度。该项只有在启用【显示延长线】复选框并禁用【自动】复选框后才生效。

图 8-27　DWG/DXF 消隐选项

（3）导出 DWG/DXF 格式的三维模型文件

导出为 DWG 和 DXF 格式的三维模型文件的具体操作步骤如下。选择【文件】|【导出】|【三维模型】菜单命令，然后在【输出模型】对话框中设置【输出类型】为【AutoCAD

DWG 文件（*.dwg）】或者【AutoCAD DXF 文件（*.dxf)】。

完成设置后即可按当前设置进行保存，也可以对导出选项进行设置后再保存，如图 8-28 所示。

图 8-28　输出模型选项

SketchUp 可以导出面、线（线框）或辅助线，所有 SketchUp 的表面都将导出为三角形的多段网格面。

8.3.2　图像文件导入和导出

作为一名设计师，可能经常需要对扫描图、传真、图片等图像进行描绘，SketchUp 允许用户导入 JPEG、PNG、TGA、BMP 和 TIF 格式的图像到模型中。另外，在绘图过程中，三维图形的导入也可以提高我们的工作效率，同时也能减少工作量。

通常导出的和导入的图像文件分为两种：二维图片和三维图形（3DS 格式文件）。SketchUp 可以导出 JPG、BMP、TGA、TIF、PNG 和 Epix 等格式的二维光栅图像，也可以导出 3DS 格式的三维图形文件，以及 VRML 格式的文件和 OBJ 格式的文件。

（1）导入二维图片

选择【文件】|【导入】菜单命令，弹出【导入】对话框，从中选择图片导入，如图 8-29 所示。

也可以用鼠标右键单击桌面左下角的【开始】按钮，选择【资源管理器】，打开图像所在的文件夹，选中图像，拖放至 SketchUp 绘图窗口中。

（2）导入 3DS 格式的文件

导入 3DS 格式文件的具体操作步骤如下。

选择【文件】|【导入】菜单命令，然后在弹出的【打开】对话框中找到需要导入的文件并将其导入。在导入前可以先设置导入的单位为【3DS 文件（*.3ds)】，单击【选项】按钮，弹出【3DS 导入选项】对话框，如图 8-30 所示。

图 8-29 【导入】对话框

图 8-30 3DS 导入选项

（3）导出 JPG 格式的图像

在绘图窗口中设置好需要导出的模型视图，设置好视图后，选择【文件】|【导出】|【二维图像】菜单命令打开【输出二维图形】对话框，然后设置好输出的文件名和文件格式（JPG 格式），单击【选项】按钮，弹出【导出 JPG 选项】对话框，如图 8-31 所示。

在 SketchUp 中导出高质量的位图方法如下。

SketchUp 的图片导出质量与显卡的硬件质量有很大关系，显卡越好抗锯齿的能力就越强，导出的图片就越清晰。

选择【窗口】|【系统设置】菜单命令打开【系统设置】对话框，然后在 OpenGL 选项中启用【使用硬件加速】复选框，如图 8-32 所示。

【使用视图大小】：启用该复选框则导出图像的尺寸大小为当前视图窗口的大小，取消该项则可以自定义图像尺寸。

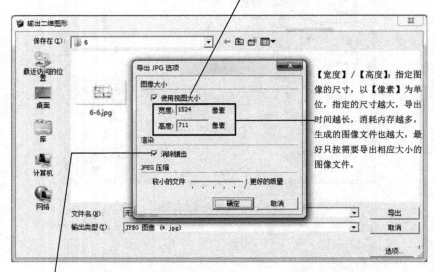

【宽度】/【高度】：指定图像的尺寸，以【像素】为单位，指定的尺寸越大，导出时间越长，消耗内存越多，生成的图像文件也越大，最好只按需要导出相应大小的图像文件。

【消除锯齿】：启用该复选框后，SketchUp会对导出图像做平滑处理。需要更多的导出时间，但可以减少图像中的线条锯齿。

图 8-31　导出 JPG 选项

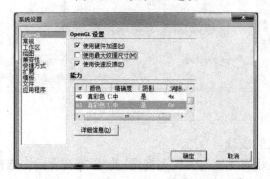

图 8-32　系统设置

（4）导出 PDF 格式的图像

PDF 文件是 Adobe 公司开发的开放式电子文档，支持各种字体、图片、格式和颜色，是压缩过的文件，便于发布、浏览和打印。

导出 PDF 格式的最初目的是矢量图输出，因此导出文件中可以包括线条和填充区域，但不能导出贴图、阴影、平滑着色、背景和透明度等显示效果。另外，由于 SketchUp 没有使用 OpenGL 来输出矢量图，因此也不能导出那些由 OpenGL 渲染出来的效果。如果想要导出所见即所得的图像，可以导出为光栅图像。

设置好视图后，选择【文件】|【导出】|【二维图形】菜单命令打开【输出二维图形】对话框，然后设置好导出的文件名和文件格式（PDF 格式），如图 8-33 所示，单击【选项】按钮，弹出【便携文档格式（PDF）消隐选项】对话框，如图 8-34 所示。

图 8-33　输出二维图形　　　　　　　　图 8-34　便携文档格式（PDF）消隐选项

（5）导出 3DS 格式的文件

3DS 格式的文件支持 SketchUp 导出材质、贴图和照相机，比 DWG 格式和 DXF 格式更能完美地转换 SketchUp 模型。

选择【文件】|【导出】|【三维模型】菜单命令打开【输出模型】对话框，然后设置好导出的文件名和文件格式（3DS 格式），如图 8-35 所示，单击【选项】按钮，弹出【3DS 导出选项】对话框，如图 8-36 所示。

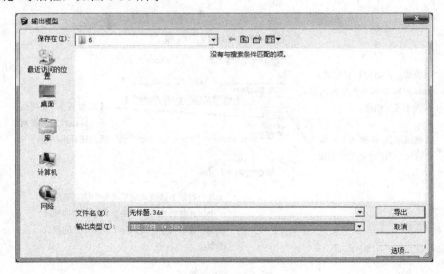

图 8-35　输出模型

【仅导出当前选择的内容】：启用该复选框将只导出当前选中的实体。

【几何图形】选项用于设置导出的模式，在【导出】下拉列表框中包含了 4 个不同的选项，如图 8-37 所示。

【导出两边的平面】：启用该复选框将激活下面的【材质】和【几何图形】附属选项，其中【材质】选项能开启 3DS 材质定义中的双面标记，这个选项导出的多边形数量和单面导出的多边形数量一样，但渲染速度会下降，特别是开启阴影和反射效果的时候，另外，这个选项无法使用 SketchUp 中的表面背面的材质。相反，【几何图形】选项则是将每个 SketchUp 的面都导出两次，一次导出正面，另一次导出背面，导出的多边形数量增加一倍，同样渲染速度也会下降，但是导出的模型两个面都可以渲染，并且正反两面可有不同的材质。

【导出纹理映射】：启用该复选框可以导出模型的材质贴图。

【保留纹理坐标】：该选项用于在导出 3DS 文件时，不改变 SketchUp 材质贴图的坐标。只有启用【导出纹理映射】复选框后，该选项和【固定顶点】选项才能被激活。

【从页面生成相机】：该选项用于保存时为当前视图创建照相机，也为每个 SketchUp 页面创建照相机。

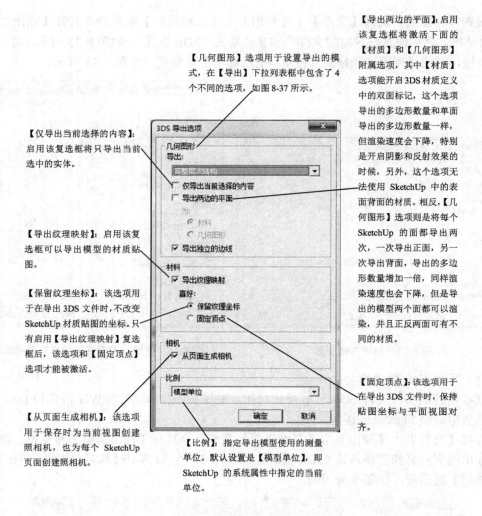

【固定顶点】：该选项用于在导出 3DS 文件时，保持贴图坐标与平面视图对齐。

【比例】：指定导出模型使用的测量单位。默认设置是【模型单位】，即 SketchUp 的系统属性中指定的当前单位。

图 8-36　3DS 导出选项

【完整层次结构】：该模式下，SketchUp 将按组与组件的层级关系导出模型。

【按图层】：该模式下，模型将按同一图层上的物体导出。

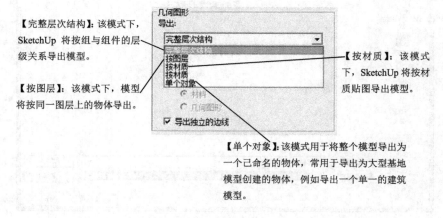

【按材质】：该模式下，SketchUp 将按材质贴图导出模型。

【单个对象】：该模式用于将整个模型导出为一个已命名的物体，常用于导出为大型基地模型创建的物体，例如导出一个单一的建筑模型。

图 8-37　几何图形

8.4　本章小结

在本章的学习中，希望读者掌握 SketchUp 沙箱工具的使用方法，CAD 文件和图像文件的导出导入方法，以及插件使用方法，熟练运用这些方法，熟练运用插件，可以帮助读者在 SketchUp 建模时更加得心应手。

8.5　课后练习

8.5.1　填空题

（1）通常插件程序文件的后缀名为＿＿＿＿。

（2）SketchUp 可以导出＿＿＿＿、＿＿＿＿或＿＿＿＿，所有 SketchUp 的表面都将导出为＿＿＿＿的多段网格面。

💡 答案：

（1）.rb。

（2）面，线（线框），辅助线，三角形。

8.5.2　问答题

（1）【曲面平整】工具与【曲面投射】工具有何不同？

（2）SketchUp 支持导入的 AutoCAD 实体有哪些？

💡 答案：

（1）【曲面平整】工具是在地形上建立一个基底平面使建筑物与地面更好地结合，而【曲面投射】工具是在地形上划分一个投射面物体的形状。

（2）SketchUp 支持导入的 AutoCAD 实体包括线、圆弧、圆、多段线、面、有厚度的实体、三维面、嵌套的图块以及图层。

8.5.3　操作题

如图 8-38 所示，使用本章学过的插件创建阁楼建筑模型。

图 8-38　阁楼模型

　练习内容：

（1）创建基本建筑模型。

（2）使用拉线成面插件。

第 9 章　高手应用案例 1
——住宅建筑设计应用

本章导读

　　住宅设计是最常用的设计，本章案例介绍了住宅楼建筑设计的步骤和思路，在制作过程当中大量应用了推拉和复制命令。通过本案例的制作，学习住宅楼建筑的建模步骤和技巧，掌握建筑模型的复制以及材质设置技巧。

知识点　　　　　　　　　　　　学习目标	了解	理解	应用	实践
了解住宅楼建筑的结构	✓	✓		
掌握绘制住宅楼建筑模型的步骤	✓	✓	✓	✓
掌握建筑模型的复制技巧	✓	✓	✓	✓
掌握建筑材质的变更	✓	✓	✓	✓

（学习要求）

9.1 案例分析

9.1.1 知识链接

建筑设计的成果表达即建筑表现，历来都是建筑学及相关领域课题研究实践的重要内容之一。随着数字时代的到来，建筑设计的操作对象不断丰富，设计表达的途径和成果更在数字技术媒介的影响和支持下日新月异。从手绘草图、工程图纸到计算机辅助绘图，从实体模型到计算机信息集成建筑模型，乃至数字化多媒体交互影像的设计制作，各种设计表达方法和手段在设计过程的不同阶段更新交替，发挥着各具特色的影响和作用

建筑表现这个名词进入我们的生活也就几年的时间，简单地说，效果图就是将一个还没有实现的构想，通过我们的笔、电脑等工具将它的体积、色彩、结构提前展示在我们眼前，以便我们更好地认识这个物体，它现阶段主要应用于建筑业、工业、装修业。

SketchUp 在建筑方案设计中应用较为广泛，从前期现状场地的构建，到建筑大概形体的确定，再到建筑造型及立面设计，SketchUp 都以其直观快捷的优点渐渐取代其三维建模软件，成为在方案设计阶段的首选软件，如图 9-1 所示为结合 SketchUp 构建的建筑方案效果。

图 9-1 建筑方案效果

进入二十世纪六十年代后，人们物质生活和文化水平都得到了很大提高，社会财富也出现了极大丰富，科学技术也有迅速发展，受这些因素的影响，人们的思想观念发生了根本性转变，这一转变的核心就是以"物为本源"的价值观转变成以"人为本源"的价值观。

建筑业、房地产业的持续高速发展，室内设计即将成为更贴近公众需求的一种设计模式，在人类从事的建筑活动中，建筑设计和室内设计目标都是一致的，同是为创建人类赖以生存的建筑空间而工作。但从设计肩负的任务、内容、设计主体对象多方面比较，就会发现两者有着本质的区别。正是由于这种区别存在并影响其各自发展，也就决定了室内设计在未来建筑活动中，将肩负起更重要的社会职责。

室内设计肩负的工作，是在建筑设计完成原形空间设计基础上，进行的第二次设计。目的是把这种原形空间，通过再设计升华，获得更高质量的个性空间。这种按照具体空间再次进行的个性设计，创造出的空间是更接近真正使用者需求的理想实质空间，是完全不同原形空间的，一种更富于人情味和艺术化的空间境界。室内设计所面对的主体对象多是具有强烈特殊性格的个人，因此室内设计必须采取特殊性原则去进行设计，这样就决定了室内设计的严谨性和狭窄性。室内建筑师也就不具备更大的自由度，他只能在有限的空间里去创造。在创造过程中还允许使用者的参与和选择，这就更增加了创作时的难度和心理压力。但是正因为这种面对面的设计，又给室内设计带来无限机遇和优势，它更容易贴近使用者的心理。在创造人们真正需要的理解空间时，也就获得了更大的发挥余地。

9.1.2 设计思路

本章将介绍创建住宅建筑的方法，讲解住宅楼模型的创建过程，最后进行材质和图像渲染操作。在制作的过程中，要运用到推拉、复制和门窗插件等命令，如图 9-2 所示为完成的住宅楼图片。

通过这个案例的操作，将熟悉如下内容。

（1）通过推拉制作建筑主体。

（2）添加门窗等特征。

（3）添加相应材质。

图 9-2　完成的住宅楼效果

9.2　案例操作

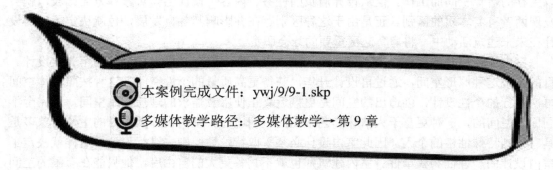

本案例完成文件：ywj/9/9-1.skp

多媒体教学路径：多媒体教学→第 9 章

9.2.1　创建首层部分

首先要创建建筑的首层部分，包括围墙、柱子、门窗等，本例长度单位为 mm。

Step1　创建地面

① 单击大工具集工具栏中的【矩形】按钮，如图 9-3 所示。

② 绘制长为 69450、宽为 37390 的矩形。

③ 单击大工具集工具栏中的【推/拉】按钮，如图 9-4 所示。

④ 推拉矩形长为 3400。

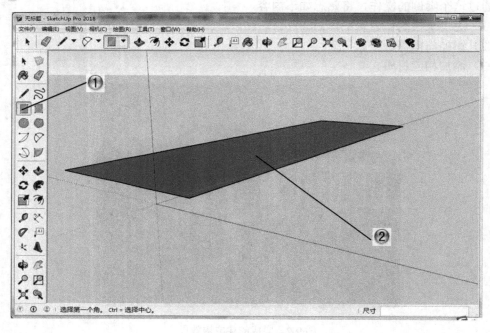

图 9-3　绘制矩形

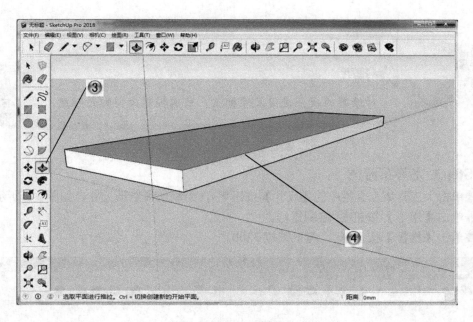

图 9-4 推拉矩形

Step2 绘制首层布置

① 单击大工具集工具栏中的【尺寸】按钮 ✕，绘制所需矩形尺寸，如图 9-5 所示。

② 单击【矩形】按钮 ▨ 绘制矩形。

③ 单击【推拉】按钮 ◈。

④ 将长方形向上推拉 600，将 L 形向下推拉 3300。

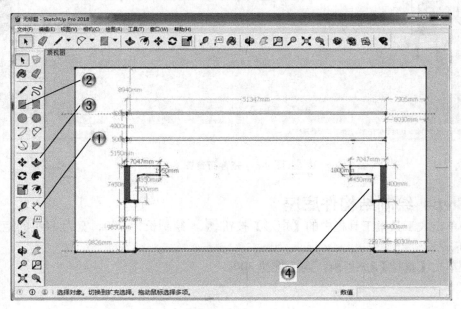

图 9-5 绘制首层布置

提示

对绘制的线条进行尺寸标注，可以控制模型的精确度。

Step3 完善布置图

① 单击大工具集工具栏中的【尺寸】按钮 ✕，绘制所需矩形尺寸，如图 9-6 所示。

② 单击【矩形】按钮 ▨ 绘制矩形。

③ 单击【推拉】按钮 ◆，向下推拉 3300。

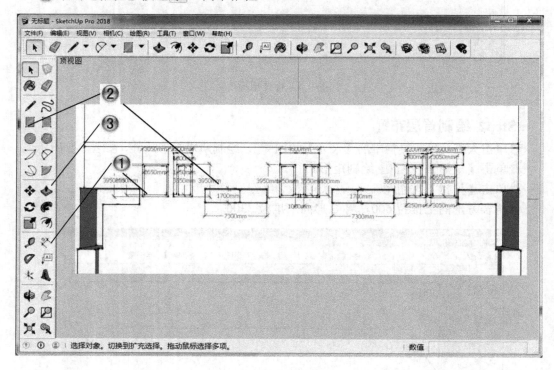

图 9-6　完善布置图

Step4 绘制结构件底座

① 单击大工具集工具栏中的【矩形】按钮 ▨，绘制长为 900、宽为 800 的矩形，如图 9-7 所示。

② 单击【推拉】按钮 ◆，向下推拉 300。

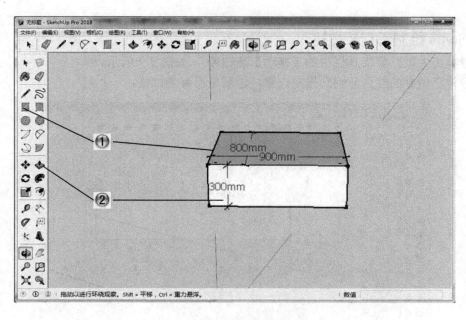

图 9-7　结构件底座

Step5　完成结构件

① 单击大工具集工具栏中的【偏移】按钮 ，向内偏移 50，如图 9-8 所示。

② 单击【推拉】按钮 ，向上推拉 1900，绘制装饰构件墙身。

③ 向外偏移 60，向上推拉 30，然后向外偏移 30，向上推拉 190。最后向外偏移 10，向上推拉 30，绘制出装饰构件顶，从而完成结构件绘制。

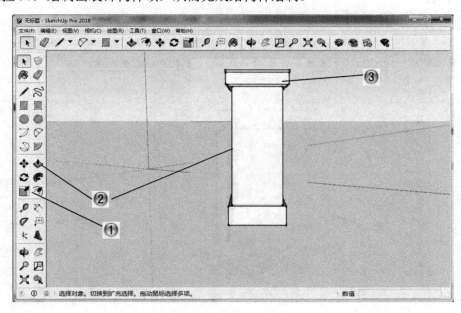

图 9-8　完成的结构件

!Step6 绘制所有装饰柱

①单击大工具集工具栏中的【移动】按钮✥，如图 9-9 所示。

②将已做好的驻台复制到指定位置，绘制出所有装饰柱。

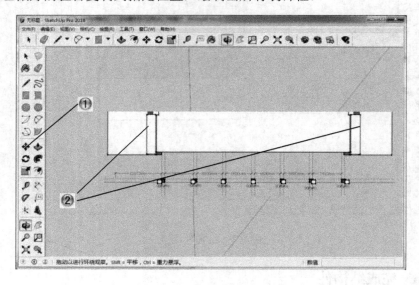

图 9-9　完成的结构件

!Step7 绘制装饰柱侧墙

①单击大工具集工具栏中的【矩形】按钮▧，绘制长为 6500、宽为 200 的矩形，如图 9-10 所示。

②单击【推拉】按钮◈，向上推拉 2000。

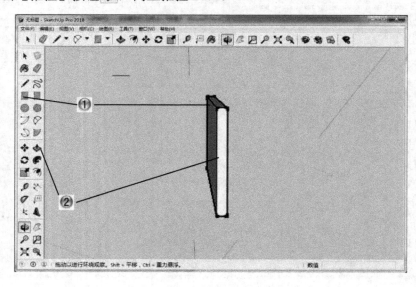

图 9-10　绘制的侧墙

！Step8 绘制装饰柱侧墙细节

① 在已制作出的矩形侧面上画一个长为 6300、宽为 200 的矩形，向上推拉 100，如图 9-11 所示。

② 然后在所做矩形下面画一个长为 6300、宽为 30 的矩形，并向内推拉 30，接着再画一个长为 6300、宽为 190 的矩形，向内偏移 10。

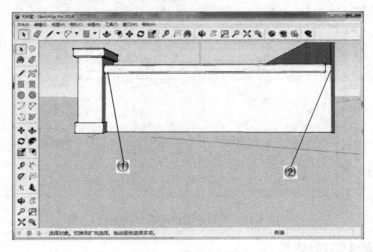

图 9-11　绘制的侧墙细节

！Step9 绘制侧墙门框

① 单击大工具集工具栏中的【尺寸】按钮，绘制出所需图形，绘制长为 2700、宽为 400 的矩形，与矩形底座垂直，如图 9-12 所示。

② 单击【矩形】按钮，绘制长为 11250、宽为 1050 与刚才所做矩形垂直的矩形。

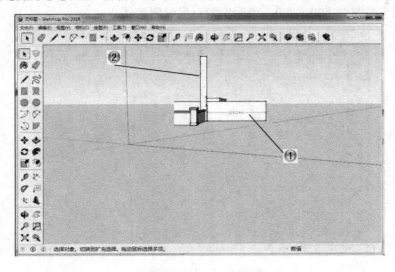

图 9-12　绘制的侧墙细节

Step10 完成装饰柱和侧墙

① 使用与上一步相同的方法，绘制另一个矩形，如图 9-13 所示，首层装饰柱及侧墙绘制完成。

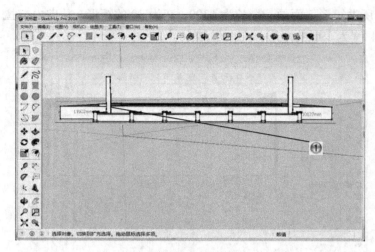

图 9-13　完成绘制的侧墙和装饰柱

Step11 绘制阳台墙体

① 绘制长为 1000、宽为 900 的矩形，单击【推拉】按钮向上推拉 600，单击【偏移】按钮向内偏移 50，向上推拉 2600，如图 9-14 所示。

② 在已做出的长方体上绘制长为 950、宽为 200 的矩形，向外推拉 1250，创建阳台墙体。

③ 使用上述方法绘制另一长方体，长为 1500，宽为 200，向外推拉 2250，将两个长方形背面分别向外推拉 600、700，绘制出阳台另一侧墙体。

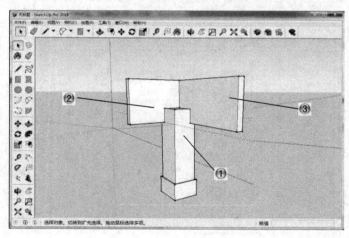

图 9-14　绘制的阳台墙体

Step12 绘制装饰条

① 在已绘制出的长方体顶上绘制长为 2050、宽为 250 的矩形装饰条，如图 9-15 所示。

② 将此长方形分成三份，分别为 30、190、30，最后从上至下分别向外偏移 100、90、70。

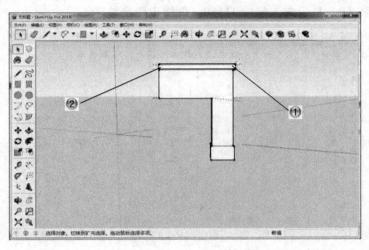

图 9-15　绘制的装饰条

Step13 绘制栏杆

① 绘制长为 50、宽为 30 的矩形，向上推拉 100，做出两个间隔 100，如图 9-16 所示。

② 在两个长方体上方做一个长为 1800、宽为 50 向上推拉 30 的长方体。

③ 使用同样方法绘制另一处栏杆。

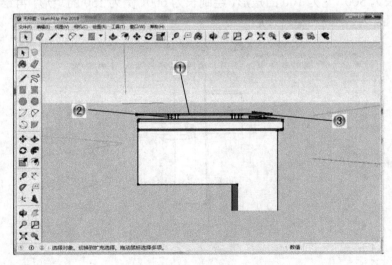

图 9-16　绘制的栏杆

Step14 绘制阳台柱子

①在刚才已做好的长方体右侧 2150 处，绘制长为 1000、宽为 1000 的长方形，向上推拉 600，如图 9-17 所示。

②向内偏移 50，最后向上推拉 11150，创建出阳台柱子。

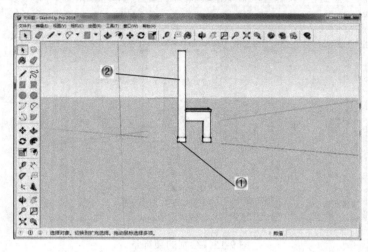

图 9-17　绘制阳台柱子

Step15 绘制阳台地板

①在已做出的长方体错台处，向上偏移 2000，外侧柱边线向内偏移 100，再向内偏移 100，如图 9-18 所示。

②绘制长为 500、宽为 100 的矩形，绘制长为 660、宽为 150 的矩形，再绘制长为 750、宽为 100 的矩形，统一向外推拉 3900。

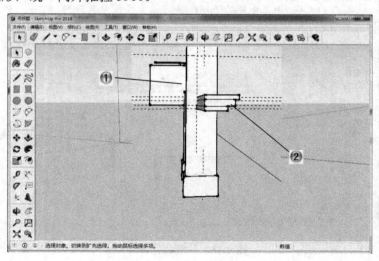

图 9-18　绘制阳台地板

Step16 绘制另一段阳台

① 在外边线向内 400 处，绘制一个长为 1250、宽为 200 的矩形，向外推拉 3900，如图 9-19 所示。

② 使用之前相同方法做出装饰条及栏杆。

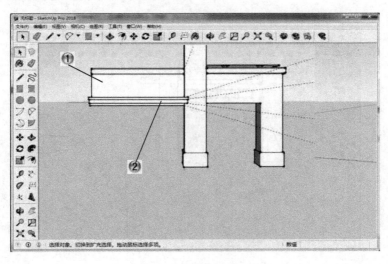

图 9-19　绘制另一段阳台

Step17 绘制阳台装饰

① 绘制一个长为 800 宽为 500 的矩形阳台装饰，分别向内偏移两个 30，如图 9-20 所示。

② 单击【推拉】按钮，将偏移完成的内部矩形，分别向内推拉 10。单击【移动】按钮，按住 Ctrl 按钮，按照 100 间距向左移动，然后输入 X3。

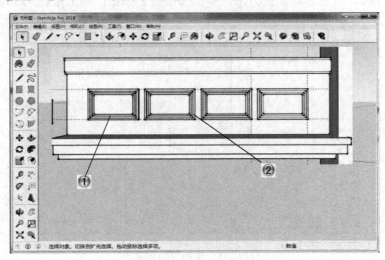

图 9-20　绘制阳台装饰

Step18 绘制另一个阳台柱子

① 绘制一个长为 1250、宽为 900 的矩形，向上推拉 4350，单击【偏移】按钮，向外偏移 110，向上推拉 30，如图 9-21 所示。

② 然后向外偏移 10，向上推拉 190，最后再向外偏移 10，向上推拉 30。再分别向内偏移两个 30。

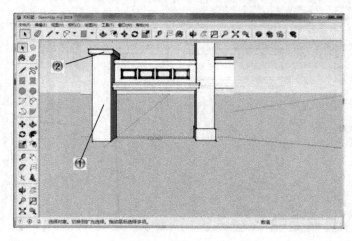

图 9-21　绘制另一个阳台柱子

Step19 拉伸柱子

① 使用推拉工具从左至右分别向外推拉 50、20、20、50，做出柱子装饰，如图 9-22 所示。

② 在已做好的方形装饰柱顶面，左右各边线向内移动 150，后侧边线向前移动 150，绘制一个长为 900、宽为 900 的正方形，单击【推拉】按钮，向上推拉 7150。

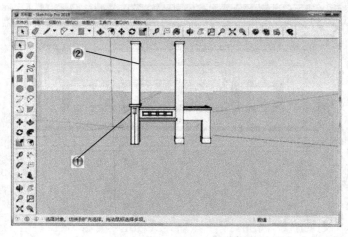

图 9-22　拉伸后的柱子

Step20 绘制矩形门

① 绘制一个长为 4200、宽为 200 的长方形并推拉 6600，绘制长 5150、宽 2700 的矩形，选择左右边线和上边线后向上偏移 75，再偏移 250。将最内侧矩形向内推拉 200，将宽为 250 的正方形向内偏移 100，如图 9-23 所示。

② 按照之前做法做出装饰条及栏杆。

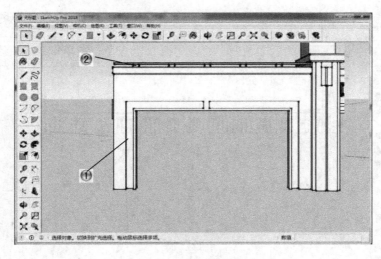

图 9-23 绘制矩形门

Step21 绘制阳台板

① 在做好的所有方形装饰柱底座向上移动 3200，在两个装饰墙上绘制一个长为 6600、宽为 100 的阳台，向外推拉 3200，如图 9-24 所示。

② 使用同样的方法在柱子上也绘制出阳台，左侧柱子边线向右偏移 350，向上绘制一个长为 1050、宽为 200 的长方形，向外推拉 3550。

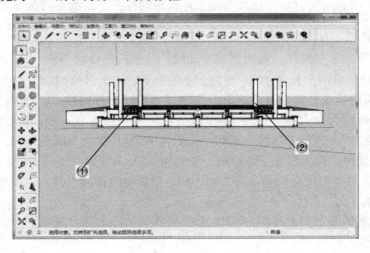

图 9-24 绘制阳台板

Step22 绘制首层门窗

① 在首层墙面上绘制多个矩形作为门窗框，如图 9-25 所示。

② 选择刚才已做好的门窗框，按住 Ctrl 键，复制出门框面，将每个矩形向内偏移 50。单击【推拉】按钮，将中间部分连接绘制长方形，向外推拉 50，向内偏移 40，将内部长方形删除，只留下外框，再向外推拉 25，制作好门窗。至此，建筑首层部分制作完成。

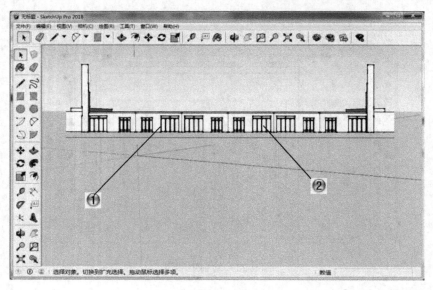

图 9-25　绘制首层门窗

9.2.2　绘制中间层部分

创建完建筑的首层部分后，在此基础上，按照同样方法绘制中间层部分。

Step1 绘制二层装饰柱

① 做出所需图形辅助线，将两侧柱子边线，分别向内移动 850、250，将阳台外边线向内移动 30。绘制出两个长为 470、宽为 250 的矩形。向上推拉 5800。然后在两个柱子正对的这个面，两侧边线分别向内移动 30，绘制成矩形，向外偏移 30，如图 9-26 所示。

② 绘制出两个长为 2500、宽为 200 的矩形，向左推拉 4200，在已做好的长方体下边，绘制一个长为 4200、宽为 150 的矩形和一个长为 4200、宽为 100 的矩形，分别向外推拉 50、100。然后使用矩形工具在上边绘制一个长为 4200、宽为 250 的矩形，单击【直线】按钮分成 3 份，从下至上分别是 30、190、30，最后使用推拉工具，由下至上向外分别推拉 70、90、100。

③ 将已做好的阳台向上移动 1800，然后将首层所做的阳台复制到所做辅助线处，二层装饰柱绘制完成。

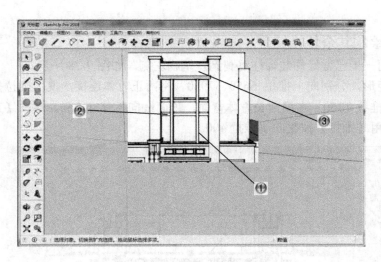

图 9-26 绘制二层装饰柱

Step2 绘制三层装饰柱

①将顶层阳台外边线向左移动 1100、400，阳台正面外边线向内移动 250，绘制一个长为 400、宽为 300 的矩形，向上推拉 200。向内偏移 20，向上推拉 30。按照此方法再将矩形向内偏移 30，向上推拉 2990，创建出三层装饰柱底座，如图 9-27 所示。

②将已做好的装饰柱底座上端向上移动 1870、再移动 70、20，在四周绘制矩形，将矩形向外推拉 20。选中做好的矩形，按住 Ctrl 键，将矩形复制到刚才移动的 20 辅助线上，输入 X6。柱子顶端同柱子下端方法一样，向外偏移 30、向上推拉 30，再向外偏移 20，向上推拉 100。将绘制好的柱子复制到另一端。

③在装饰柱顶上绘制辅助线，四个方向分别向内移动 250，然后正面向后移动 300，左边向右移动 300，单击【直线】按钮绘制好图形，向上推拉 1470。其他做法同上装饰柱绘法，绘制好三层装饰柱。

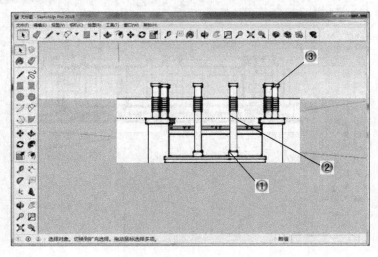

图 9-27 绘制三层装饰柱

Step3 绘制其余装饰柱

①将前面一步已做好的装饰柱复制到建筑物左侧，如图 9-28 所示。

②绘制矩形，分别向上推拉 6650、7950。将两正方体连接，使用推拉按钮将绘制出的长方形向下推拉 1250。在横向长方体背面，顶面线向下移动 750，单击【直线】按钮绘制长方形，使用【推拉】按钮向里推拉 400。

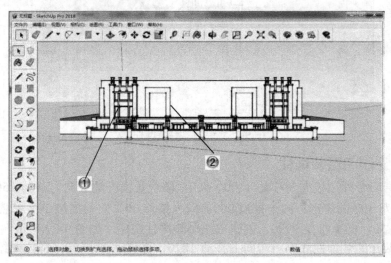

图 9-28 绘制其余装饰柱

Step4 绘制中间层阳台和栏杆

①按照前面的方法绘制出中间层阳台和栏杆，如图 9-29 所示。

②将做好的阳台复制到另一侧指定位置，同时将栏杆复制。

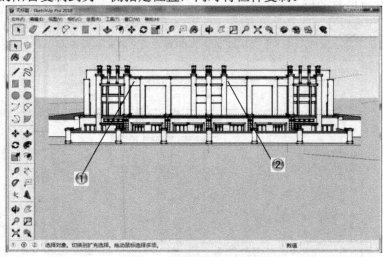

图 9-29 绘制中间层阳台和栏杆

Step5 绘制中间层门窗

① 按照前面的方法绘制门窗图形，单击【推拉】按钮统一向后推拉 200。单击【移动】按钮，按住 Ctrl 键复制到另一侧，创建中间层门窗框，如图 9-30 所示。

② 外部门窗框向外推拉 50，内部门窗框推拉 25，即取外部窗框中心部位，绘制出门窗。

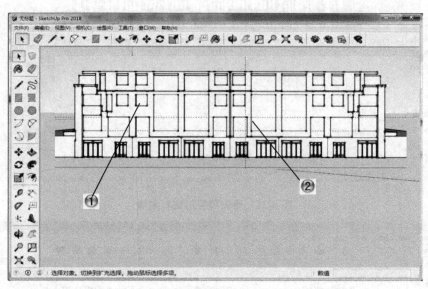

图 9-30　绘制中间层门窗

9.2.3　绘制顶层和屋顶

创建完建筑的中间层部分后，最后来绘制顶层和屋顶，从而完成建筑主体模型，并导入环境树木等。

Step1 绘制顶层门窗和侧墙

① 按照前面方法做出所需图形尺寸线，单击【矩形】按钮绘制图形，右侧墙体向后推拉 5800，创建顶层门窗，如图 9-31 所示。

② 使用相同方法将所有门窗、侧墙等绘制完成。

Step2 绘制屋顶面

① 做出所需图形尺寸线，绘制矩形，单击【偏移】按钮向外偏移 50，推拉 50，如图 9-32 所示。

② 使用同样的方法，向外偏移 60，向上推拉 60。最后向外偏移 350，向上推拉 100。

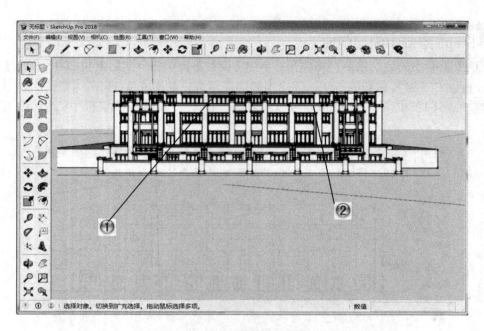

图 9-31　绘制顶层门窗和侧墙

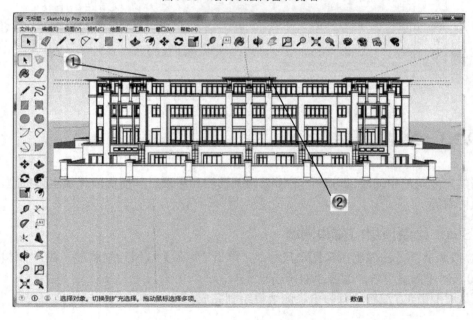

图 9-32　绘制屋顶面

❗Step3 绘制屋顶顶部

① 做出垂直屋面的直线后，单击大工具集工具栏中的【直线】按钮，将屋顶边线与垂直线相连绘制屋顶，如图 9-33 所示。

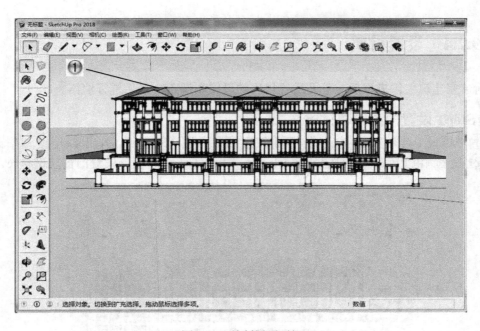

图 9-33　绘制屋顶顶部

!Step4 导入环境和树木

① 使用【导入】命令导入环境背景及树木，如图 9-34 所示。至此，这个案例的模型基本制作完成。

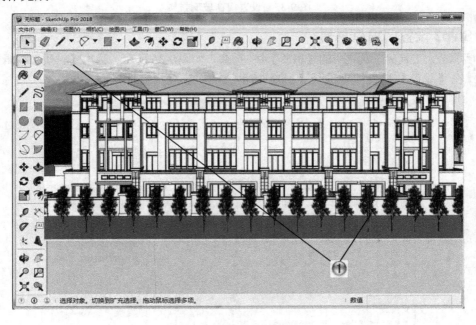

图 9-34　导入环境和树木

9.2.4 设置材质

创建完建筑主体模型后，下面进行材质的设置和调整，最后进行渲染。

Step1 设置门窗玻璃材质

① 单击大工具集工具栏中的【材质】按钮 ，如图 9-35 所示，弹出【材质】编辑器。

② 在【颜色】列表框中选择 Translucent_Glass_Gray1 选项，设置门窗玻璃材质。

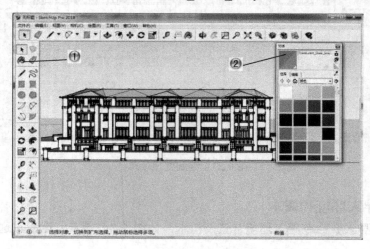

图 9-35　设置门窗玻璃材质

Step2 设置门窗框材质

① 单击大工具集工具栏中的【材质】按钮，如图 9-36 所示，弹出【材质】编辑器。

② 在【颜色】列表框中选择【材质 19】选项，设置门窗框材质。

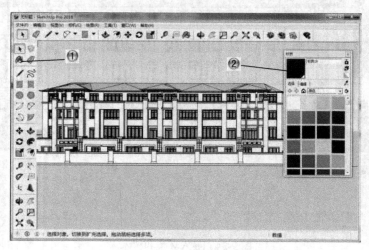

图 9-36　设置门窗框材质

Step3 设置外墙材质

① 单击大工具集工具栏中的【材质】按钮 🎨，如图 9-37 所示，弹出【材质】编辑器。

② 在【颜色】列表框选择 Cladding_Stucco_White 选项，设置外墙材质。

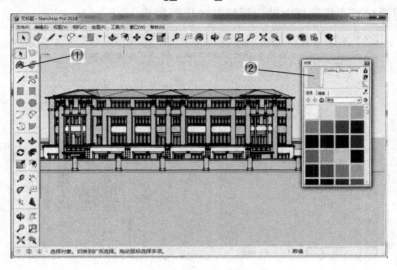

图 9-37　设置外墙材质

Step4 设置装饰柱材质

① 单击大工具集工具栏中的【材质】按钮 🎨，如图 9-38 所示，弹出【材质】编辑器。

② 在【颜色】列表框中选择 Cladding_Stucco_White#2 选项，设置装饰柱材质。

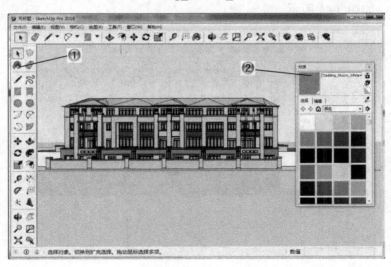

图 9-38　设置装饰柱材质

Step5 设置屋顶及其他模型材质

① 单击大工具集工具栏中的【材质】按钮 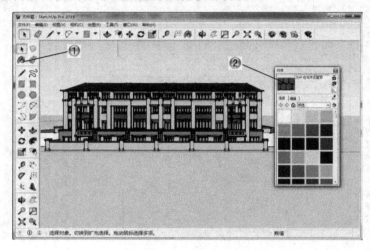，如图 9-39 所示，弹出【材质】编辑器。

② 在【木质纹】列表框中任意选择一材质，然后选用已下载好的材质 GAF 住宅木瓦屋顶，设置屋顶材质。按同样方法设置好其他模型材质。

图 9-39　设置屋顶材质

Step6 设置地面材质

① 单击大工具集工具栏中的【材质】按钮 ，如图 9-40 所示，弹出【材质】编辑器。

② 在【植被】列表框中选择【人工草皮植被】选项，设置地面材质。这个案例的材质就设置完成了，如图 9-41 所示。

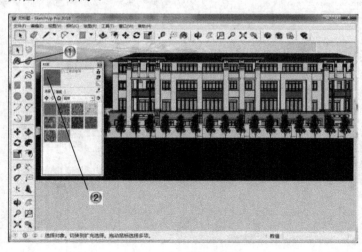

图 9-40　设置地面材质

图 9-41　设置材质后的模型效果

Step7 进行渲染和修饰

最后进行案例模型的渲染和后期图片处理，得到的最终效果如图 9-42 所示，至此，案例最终完成。

图 9-42　案例最终效果

9.3　本章小结

通过本章案例学习，了解住宅楼建筑的结构、掌握绘制住宅楼建筑的步骤、建筑的复制技巧和建筑材质的变更方法。通过本章案例，读者结合前面学习的命令，可以更深入地学习软件的应用。

9.4　课后练习

9.4.1　填空题

（1）建筑表现这个名词进入我们的生活也就几年的时间，简单地说，效果图就是将一个还没有实现的构想，通过我们的笔、电脑等工具将它的_____、_____、_____提前展示在我们眼前。以便我们更好地认识这个物体。它现阶段主要用于_____、_____、_____。

（2）室内设计肩负的工作，是建筑设计在完成原形空间设计的基础上，进行的_____设计。

答案：

（1）体积，色彩，结构，建筑业，工业，装修业。
（2）第二次。

9.4.2　问答题

SketchUp 在建筑方案设计中的应用范围有哪些？

答案：

SketchUp 在建筑方案设计中应用较为广泛，从前期现状场地的构建，到建筑大概形体的确定，再到建筑造型及立面设计，SketchUp 都以其直观快捷的优点渐渐取代其之前的三维建模软件，成为在方案设计阶段的首选软件。

9.3.3　操作题

本章操作练习是创建住宅楼建筑模型，如图 9-43 所示，主要使用本章介绍的制作方法和命令。

图 9-43　住宅楼模型

 练习内容：

（1）创建墙体和框架。

（2）绘制窗户和门。

（3）创建屋顶和附件。

（4）添加材质并渲染。

第 10 章　高手应用案例 2
——商业建筑设计应用

 **本章导读**

　　本章案例介绍了制作商业建筑——酒店建筑的步骤和思路，创建模型时主要应用了矩形、圆形绘制和推拉命令，还介绍了空间直线的绘制，在建筑场景上，使用了贴图命令。通过案例的制作，学习酒店建筑建模的步骤和应用技巧，掌握建筑场景的创建方法和步骤，建模之后的材质应用等知识。

学习要求	学习目标 知识点	了解	理解	应用	实践
	了解商业建筑的结构	√	√	√	
	掌握绘制商业建筑的步骤	√	√	√	√
	掌握场景命令的应用	√	√	√	√
	掌握建筑材质和贴图应用	√	√	√	√

10.1　案例分析

10.1.1　知识链接

建筑效果图的设计构图有下面这些方式。

（1）黄金分割法

把一条线段分割为两部分，使其中一部分与全长之比等于另一部分与这部分之比。其近似值是 0.618。由于按此比例设计的造型十分美丽，因此称为黄金分割，也称为中外比。这个数值的作用不仅仅体现在诸如绘画、雕塑、音乐、建筑等艺术领域，而且在管理、工程设计等方面也有着不可忽视的作用，如图 10-1 所示。

（2）九宫格

"九宫格"是我国书法史上临帖写仿的一种界格，又叫"九方格"，即在纸上画出若干大方框，再于每个方框内分出九个小方格，以便对照法帖范字的笔画部位进行练字。九宫格构图有的也称井字构图，实际上属于黄金分割的一种形式。就是把画面平均分成九块，在中心块上四个角点，用其中任意一点的位置来安排主体位置。实际上这几个点都符合"黄金分割定律"，是最佳的位置，当然还应考虑平衡、对比等因素。这种构图能呈现变化与动感，画面富有活力。这四个点也有不同的视觉感应，上方两点动感就比下方的动感强，左面的比右面强。如图 10-2 所示，是中国典型四合院的宫格布局。

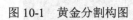

图 10-1　黄金分割构图　　　　　　　　　　图 10-2　四合院的宫格布局

（3）十字形构图

十字形构图就是把画面分成四份，也就是通过画面中心画横竖两条线，中心交叉点是安放主体位置的，此种构图，使画面增加安全感、和平感和庄重及神秘感，也存在着呆板等不利因素。但适宜表现对称式构图，如表现古建筑题材，可产生中心透视效果。如神秘感的体现，主要是表现在十字架、教堂等摄影中。所以，不同的题材应选用不同的表现方法，如图 10-3 所示。

图 10-3　高层十字形构图

（4）三角形构图

三角形构图，在画面中所表达的主体放在三角形中或影像本身形成三角形的态势，此构图是视觉感应方式，有形态形成的也有阴影形成的三角形态，如果是自然形成的线形结构，这时可以把主体安排在三角形斜边中心位置上，以使有所突破。但只有在全景时使用，效果最好。三角形构图，产生稳定感，倒置则不稳定。可用于不同景别，如近景人物、特写等摄影。

（5）三分法构图

三分法构图是指把画面横分三份，每一份中心都可放置主体形态，这种构图适宜多形态平行焦点的主体。也可表现大空间、小对象，也可反相选择。这种画面构图，表现鲜明，构图简练，可用于近景等不同景别。

（6）A 字形构图

A 字形构图是指在画面中，以 A 字形的形式来安排画面的结构。A 字形构图具有极强的稳定感，具有向上的冲击力和强劲的视觉引导力。可表现高大自然物体及自身所存在的这种形态，如果把表现对象放在 A 字顶端汇合处，此时是强制式的视觉引导，不想注意这个点都不行。在 A 字形构图中，不同倾斜角度的变化，可产生画面的不同动感效果，而且形式新颖、主体指向鲜明。但也是较难掌握的一种方法，需要经验积累。

（7）S 字形构图

S 字形构图，在画面中优美感得到了充分的发挥，这首先体现在曲线的美感。S 字形构图动感效果强，即动且稳。可用于各种幅面的画面，这要根据题材的对象来选择。表现题材，远景俯拍效果最佳，如山川、河流、地域等自然的起伏变化，也可表现众多的人体、动物、物体的曲线排列变化，以及各种自然、人工所形成的形态。在 S 字形构图一般的情况下，都是从画面的左下角向右上角延伸，也可以使用不同方向的构图，如图 10-4 所示。

图 10-4　S 形构图

（8）V 字形构图

V 字形构图是最富有变化的一种构图方法，其主要变化是在方向上的安排或倒放、横放，但不管怎么放，其交合点必须是向心的。V 字形的双用，能使单用的性质发生根本的改变。单用时画面不稳定的因素极大，双用时不但具有了向心力，而且稳定感得到了满足。正 V 形构图一般用在前景中，作为前景的框式结构来突出主体。

（9）C 形构图

C 形构图具有曲线美的特点，又能产生变异的视觉焦点，画面简捷明了。然而在安排主体对象时，必须安排在 C 形的缺口处，使人的视觉随着弧线推移到主体对象。C 形构图可在方向上任意调整，一般的情况下，多在工业题材、建筑题材上使用。

（10）O 形构图

O 形构图也就是圆形构图，是把主体安排在圆心中所形成的视觉中心。圆形构图可分外圆与内圆构图，外圆是自然形态的实体结构，内圆是空心结构，如管道、钢管等，外圆是在（一般都是比较大的、组合的）实心圆物体形态上的构图，主要是利用主体安排在圆形中的变异效果来体现的表现形式。内圆构图，产生的视觉透视效果是震撼的，视点可安排在画面的正中心，也可偏离在中心的方位，如左右上角，产生动感，下方产生的动感小，但稳定感增强。

（11）W 形构图

W 形构图，具有极好的稳定性，非常适合人物的近景拍摄。其在背景及前景的处理中，能得到很好发挥，运用此种构图，要寻求细小的变化和视觉的感应。

（12）口形构图

口形构图也称框式构图，一般多应用在前景构图中，如利用门、窗、山洞口、其他框架等作前景，来表达主体，阐明环境。这种构图符合人的视觉经验，使人感觉到透过门和窗，来观看影像。如图 10-5 所示，产生现实的空间感和透视效果。

图 10-5　建筑口形构图

10.1.2　设计思路

本章案例讲解酒店模型的创建过程，最后进行图像渲染和合成操作。在制作的过程中，要运用到草绘、推拉、复制和贴图等命令，完成的酒店效果图片，如图 10-6 所示。

案例的制作步骤如下：

（1）通过推拉制作酒店楼层。

（2）复制楼层特征。

（3）添加材质和贴图，渲染和编辑图片。

图 10-6　完成的酒店效果

10.2　案例操作

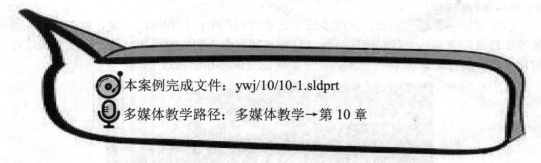

本案例完成文件：ywj/10/10-1.sldprt

多媒体教学路径：多媒体教学→第 10 章

10.2.1　创建楼体首层和大堂

首先创建酒店建筑的首层部分，主要包括底面、外墙、门窗和柱子，另外还有大堂部分。

Step1 创建底平面

① 单击大工具集工具栏中的【矩形】按钮，如图 10-7 所示。

② 绘制一个 51440 mm×45940 mm 的矩形。

③ 单击【推拉】按钮将长方形向上推拉 150mm。

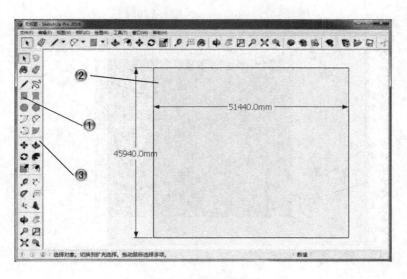

图 10-7　绘制底平面

Step2 绘制首层外墙

① 单击大工具集工具栏中的【尺寸】按钮 ✖，绘制所需矩形尺寸，如图 10-8 所示。
② 单击大工具集工具栏中的【偏移】按钮 ✍，向内偏移 50mm。
③ 单击【推拉】按钮向上推拉 4350mm。

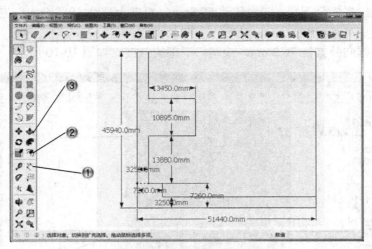

图 10-8　绘制首层外墙

Step3 创建门外框

① 单击大工具集工具栏中的【尺寸】按钮 ✖，绘制出所需图形尺寸，如图 10-9 所示。
② 单击【矩形】按钮 ▢，绘制门框。
③ 单击【推拉】按钮 ♦，向外推拉 25.4mm，绘制门外框。

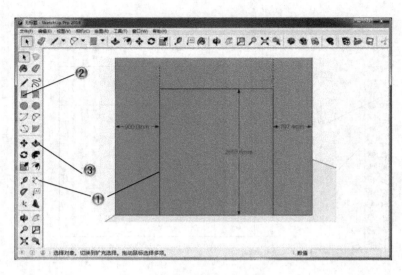

图 10-9 创建门外框

Step4 创建门内框

① 在推拉出来的矩形顶端，向下移动 50.8mm、再向下移动 298.4mm，左右两个各向内移动 69.2mm。按住 Ctrl 键，向外推拉 25.4mm，上下分别向内移动 29.7mm，左右各向内移动 109.9mm，两个矩形做相同操作。

② 在推拉出来矩形下端，向上移动 50.8mm、再向上移动 1982.6mm，左右两个各向内移动 69.2mm，向外推拉 76.2mm，绘制门上部的内框。

③ 将内侧框向外推拉 76.2mm，绘制门下部的内框，如图 10-10 所示。

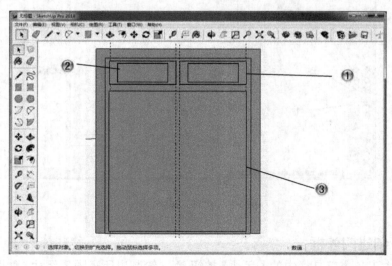

图 10-10 绘制门内框

Step5 调整门

①按照辅助线绘制矩形，将图形向内推拉 25.4mm，如图 10-11 所示。

②绘制矩形后将外框向外移动 152.4mm，完成门的绘制。

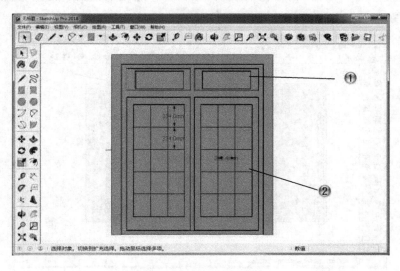

图 10-11　绘制好的门

Step6 复制放置门

①单击大工具集工具栏中的【组件】按钮 🗐，将做好的门设置为组件，如图 10-12 所示。

②做出尺寸线后，单击【移动】按钮，按住 Ctrl 键，将门复制到指定位置。

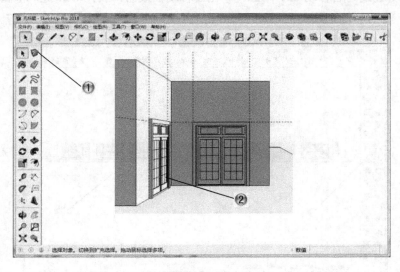

图 10-12　放置门

Step7 绘制窗框

① 做出辅助线并标出尺寸，绘制矩形窗外框，如图 10-13 所示。

② 做出辅助线并标出尺寸，左右分别向内移动 50.6mm、101.6mm，单击【矩形】按钮绘制窗内框。

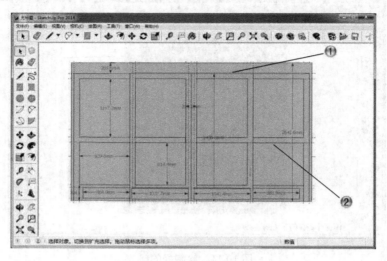

图 10-13　绘制窗框

Step8 绘制窗

① 单击大工具集工具栏中的【推/拉】按钮，左右两侧图形向外推拉 25.4mm，中间和外侧图形向外推拉 50.8mm，如图 10-14 所示。

② 将左侧边线向右移动 629.3mm，单击【移动】按钮，按住 Ctrl 键，将做好的门复制到指定位置，将门右侧边线向右移动 999mm，方法同上，复制完成后输入 X7。

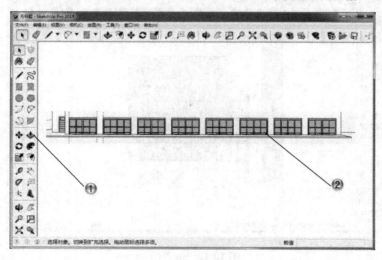

图 10-14　绘制窗

Step9 绘制柱子

① 绘制一个长宽均为 600mm 的方形，单击【推拉】按钮，向上推拉 4350mm，如图 10-15 所示。

② 单击【移动】按钮，按住 Ctrl 键，复制右侧方形柱体到指定位置，输入 X4。

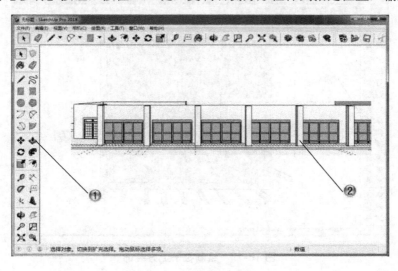

图 10-15　绘制柱子

Step10 绘制柱子上方装饰

① 绘制矩形，厚度均为 150mm，单击【推拉】按钮，向上推拉 17400mm，做出方形柱上方装饰，如图 10-16 所示。

② 使用上述方法将所有方形柱体绘制完成。

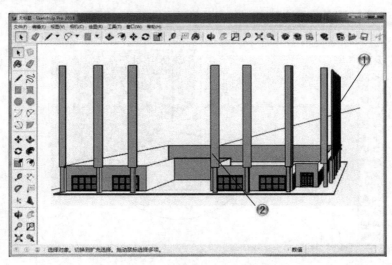

图 10-16　绘制柱子上方装饰

Step11 绘制首层屋顶

① 单击大工具集工具栏中的【偏移】按钮，绘制屋顶，如图 10-17 所示。

② 将屋顶顶面向外偏移 2030mm。

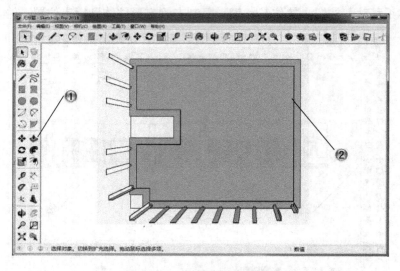

图 10-17　绘制柱子上方装饰

Step12 绘制大堂截面

① 在首层正面屋顶上绘制半径为 3063mm 的圆形，向上推拉 154mm，如图 10-18 所示。

② 将圆外边线向内偏移 190mm，绘制五个半径为 100mm 的圆弧。将两根方形柱相连绘制圆弧，与圆弧相连绘制五条斜线，创建圆形装饰。

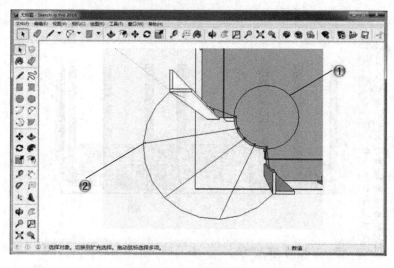

图 10-18　绘制大堂截面

Step13 制作大堂

① 单击大工具集工具栏中的【路径跟随】按钮 ，如图 10-19 所示。

② 选择好直线作为路径，创建大堂效果。

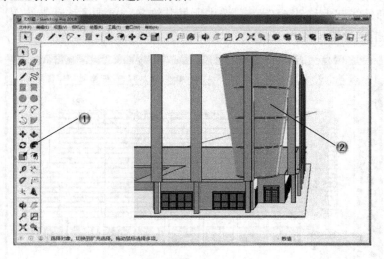

图 10-19　绘制大堂

10.2.2　制作其他层和屋顶

完成首层和大堂的模型制作后，下面创建其他层的墙壁、装饰和屋顶的模型。

Step1 创建其他层墙壁

① 单击大工具集工具栏中的【推拉】按钮，如图 10-20 所示。

② 将前面偏移出来的顶面向上推拉 17400mm，后面的小屋顶向上推拉 8700mm。

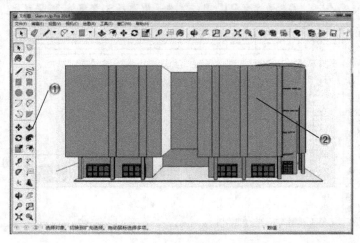

图 10-20　绘制其他层墙壁

Step2 创建侧面装饰条

① 沿墙底边线向上移动 150mm，将所做辅助线连接，将图形向外推拉 200mm，创建外墙装饰条，如图 10-21 所示。

② 将装饰条线向上移动 650mm，选中所做装饰条，单击【移动】按钮，按住 Ctrl 键，复制装饰条到指定位置，输入 X20。

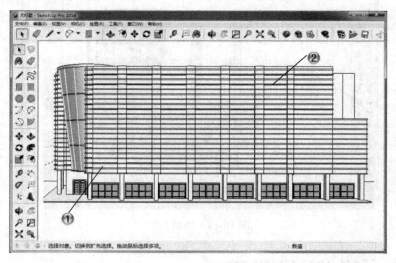

图 10-21　绘制侧面装饰条

Step3 绘制另一侧装饰条

① 将底下装饰条左边线向左移动 50mm，右侧向右移动 50mm，如图 10-22 所示。

② 按照所做辅助线绘制矩形，推拉 14248mm。

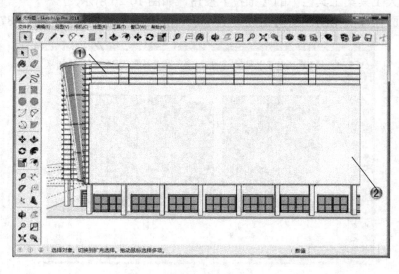

图 10-22　绘制另一侧装饰条

Step4 绘制正面装饰条

① 使用上述方法将正面装饰条进行绘制，如图 10-23 所示。

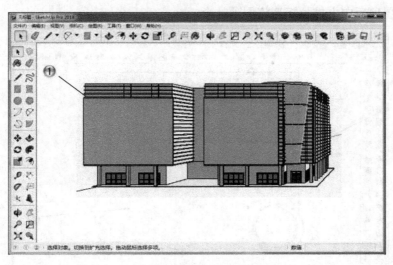

图 10-23　绘制正面装饰条

Step5 绘制原形屋顶

① 沿圆顶面绘制半径为 100mm 的圆形，向上推拉 1347mm，如图 10-24 所示。

② 绘制半径为 5454mm 的圆，推拉 1710mm。单击【缩放】按钮，按住 Ctrl 键，进行缩放，上顶比下底大一些。最后单击【偏移】按钮，向内偏移 300mm，将外侧圆向上推拉 300mm，删除内部圆。

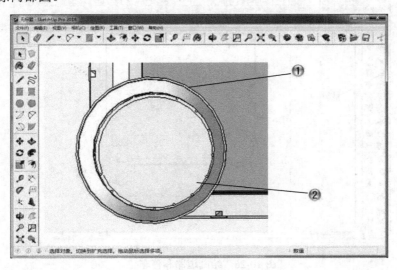

图 10-24　绘制圆形屋顶

Step6 绘制酒店整体屋顶

① 单击大工具集工具栏中的【矩形】按钮，如图 10-25 所示。

② 绘制屋顶后向上推拉矩形将屋顶补全。

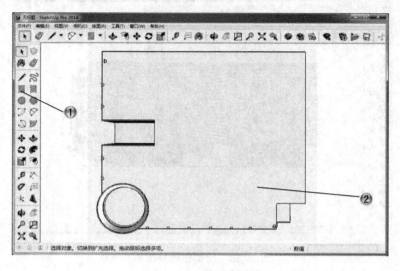

图 10-25　绘制整体屋顶

Step7 绘制道路及停车位

① 单击大工具集工具栏中的【矩形】按钮，如图 10-26 所示。

② 绘制并推拉出道路及停车位，这样模型就创建完成了，如图 10-27 所示。

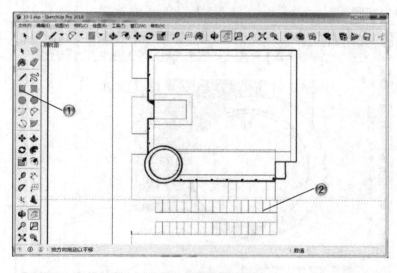

图 10-26　绘制道路和停车位

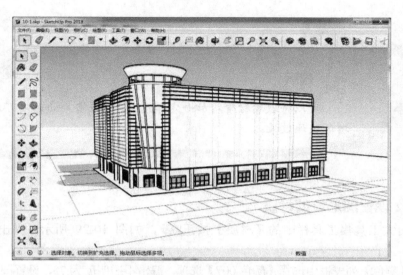

图 10-27　模型完成

10.2.3　材质和贴图设计

创建完建筑主体模型后，下面进行材质和贴图的设置和调整，最后进行渲染。

Step1 设置首层玻璃材质

① 单击大工具集工具栏中的【材质】按钮 ，如图 10-28 所示，弹出【材质】编辑器。

② 在【颜色】列表框中选择【颜色 009】，在【编辑】选项卡中设置不透明度为 65，设置首层玻璃材质。

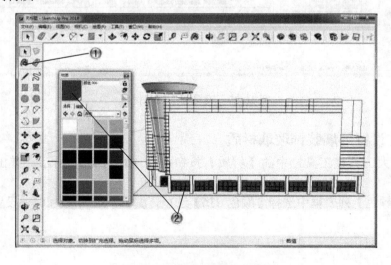

图 10-28　设置首层玻璃材质

Step2 设置圆形玻璃材质

① 单击大工具集工具栏中的【材质】按钮 ，如图 10-29 所示，弹出【材质】编辑器。

② 在【颜色】列表框中选择【颜色 007】选项，编辑不透明度为 75，设置圆形玻璃材质。

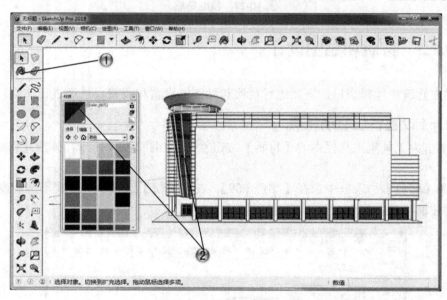

图 10-29　设置圆形玻璃材质

Step3 设置外墙装饰玻璃材质

① 单击大工具集工具栏中的【材质】按钮，如图 10-30 所示，弹出【材质】编辑器。

② 在【颜色】列表框中选择【颜色 I16】选项，编辑不透明度为 65，设置外墙装饰玻璃材质。

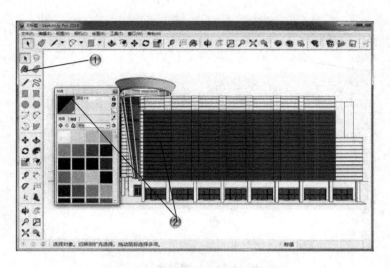

图 10-30　设置外墙装饰玻璃材质

Step4 设置方形柱材质

①单击大工具集工具栏中的【材质】按钮，如图 10-31 所示，弹出【材质】编辑器。

②在【石头】列表框中随便选择一种材质附在方形柱上，然后在【编辑】选项卡中选择已下载好的【黄褐色碎石】，设置方形柱材质。

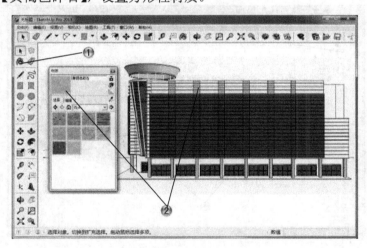

图 10-31　设置方形柱材质

Step4 设置外墙材质

①单击大工具集工具栏中的【材质】按钮，如图 10-32 所示，弹出【材质】编辑器。

②在【石头】列表框中随便选择一种材质附在外墙上，然后在【编辑】选项卡中选择已下载好的【棕褐色覆层板壁】，设置外墙材质。

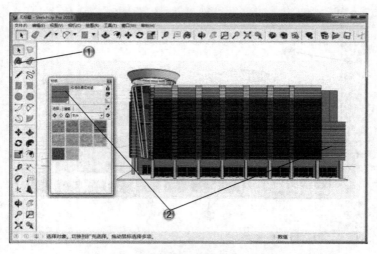

图 10-32　设置外墙材质

Step5 设置地面材质

①单击大工具集工具栏中的【材质】按钮，如图 10-33 所示，弹出【材质】编辑器。

②在【石头】列表框中随便选择一种材质附在地面上，然后在【编辑】选项卡中选择已下载好的【各种棕褐色瓦片】，设置地面材质。

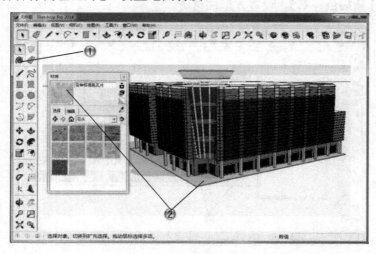

图 10-33　设置地面材质

Step6 设置草坪材质

①单击大工具集工具栏中的【材质】按钮，如图 10-34 所示，弹出【材质】编辑器。

②在【植被】列表框中选择【人工草皮植被】选项，编辑尺寸大小为 4000mm，设置草坪地面材质。

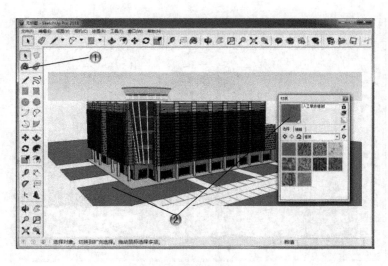

图 10-34　设置草坪地面材质

！Step7 设置道路及停车位材质

①打开【材质】编辑器，在【沥青和混凝土】列表框中选择【新沥青】选项，编辑尺寸大小为 800mm，设置路面材质，如图 10-35 所示。

②在【沥青和混凝土】列表框中选择【多色混凝土铺路块】选项，设置停车位材质。

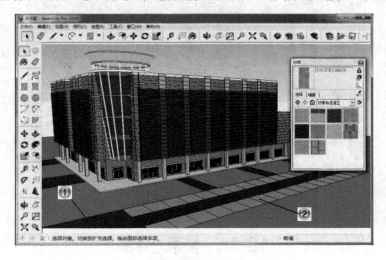

图 10-35　设置道路和停车位材质

！Step8 导入树木和车辆

①使用【导入】命令导入环境背景及树木，如图 10-36 所示。

②使用【导入】命令导入车辆。最后进行案例模型的渲染和后期图片处理，得到的最终效果如图 10-37 所示。

图 10-36　导入树木和车辆

图 10-37　完成的酒店效果图片

10.3　本章小结

通过本章案例的学习，可以了解酒店建筑的结构，以及创建酒店建筑的顺序。本章重点介绍酒店场景的创建，在大多数地方，都要运用到建筑场景。读者通过本章案例，可以练习进阶阶段的建筑建模命令，特别是材质和贴图的应用。

10.4 课后练习

10.4.1 填空题

（1）九宫格构图有的也称_____，实际上也属于黄金分割的一种形式。就是把画面平均分成九块，在中心块上四个角点，用任意一点的位置来安排主体位置。实际上这几个点都符合"黄金分割定律"，是最佳的位置，当然还应考虑_____、_____等因素。

（2）口形构图也称框式构图，一般多应用在_____构图中。

 答案：

（1）井字构图，平衡，对比。

（2）前景。

10.4.2 问答题

（1）何为黄金分割，其应用范围有哪些？

（2）什么是 O 形构图，其有哪些分类？

 答案：

（1）把一条线段分割为两部分，使其中一部分与全长之比等于另一部分与这部分之比。其近似值是 0.618。由于按此比例设计的造型十分美丽，因此称为黄金分割，也称为中外比。这个数值的作用不仅仅体现在诸如绘画、雕塑、音乐、建筑等艺术领域，而且在管理、工程设计等方面也有着不可忽视的作用。

（2）O 形构图也就是圆形构图，是把主体安排在圆心中所形成的视觉中心。圆形构图可分外圆与内圆构图，外圆是自然形态的实体结构，内圆是空心结构如管道、钢管等，外圆是在（一般都是比较大的、组合的）实心圆物体形态上的构图，主要是利用主体安排在圆形中的变异效果来体现的。内圆构图，产生的视觉透视效果是震撼的，视点安排在画面的正中心形成的构图结构，也可偏离在中心的方位，如左右上角，产生动感，下方产生的动感小，但稳定感增强。

10.4.3 操作题

本章操作练习是创建如图 10-38 所示的商业街建筑模型，主要使用本章介绍的制作方法和命令。

图 10-38　商业街模型

　练习内容：

（1）创建主体和框架。

（2）绘制窗户。

（3）创建屋顶和附件。

（4）添加材质并渲染。

第11章　高手应用案例3
——高层办公建筑设计应用

 **本章导读**

　　本章案例介绍了高层办公楼建筑设计的步骤和思路，在制作过程当中主要使用了矩形绘制和推拉命令，另外在建筑外墙上，使用了第三方的玻璃构件，便于快速建模。通过案例的制作，学习高层办公楼建筑建模的步骤和应用技巧，掌握建筑模型第三方插件的应用，在建模时可以减少很多烦琐的步骤。

知识点 ＼ 学习目标	了解	理解	应用	实践
了解高层建筑的结构	✓	✓	✓	
掌握绘制高层建筑的步骤	✓	✓	✓	✓
掌握第三方建筑的插件应用	✓	✓	✓	✓
掌握设置材质的方法	✓	✓	✓	✓

（学习要求）

11.1 案例分析

11.1.1 知识链接

传统的平面设计多采用 CAD 软件，根据草图进行绘制，这种方法将平面设计与三维造型分开进行，在很大程度上限制了对造型的思考，使最终效果与设计草图之间产生较大的差异，并且不利于快速地修改。而将 SketchUp 软件与 CAD 结合使用，可以在方案设计的初期便实现平面和立面的自然融合，保持设计思维的连贯性，互相深化，并不断促进设计灵感的创新。在 SketchUp 中，设计师可以对平面草图进行粗略的搭建，以及从不同角度观察建筑体块的关系是否与场景相协调等，进一步编辑修改方案，再与 CAD 协同完成标准的图纸绘制。

例如，在某小区模型的设计过程中，建筑师在前期工作的基础上形成了几种初步的设计概念，手绘出小区规划平面草图，然后利用扫描设备将草图转化为电子图片导入 SketchUp 中，在 SketchUp 中，可以将二维的草图迅速转化为三维的场景模型，验证设计效果是否达到预期目标，如图 11-1 所示。

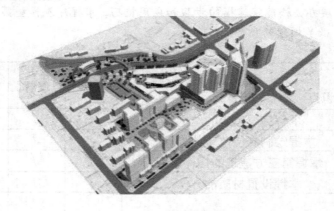

图 11-1　验证设计效果

建筑造型及立面设计阶段的主要任务，是在上一阶段确立的建筑体块的基础上进行深入。设计师要考虑好建筑风格、窗户形式、屋顶形式、墙体构件等细部元素，丰富建筑构件，细化建筑立面，如图 11-2 所示。利用 SketchUp 可以灵活构建三维几何形体，由于计算机拥有对模型参数的强大处理能力，可以使模型构建更为精确和可计量化。在构建建筑形体的时候，SketchUp 灵活的图像处理又可以不断激发设计师的灵感，生成原本没有考虑到的新颖的造型形态，还可以不断转换观察角度，随时对造型进行探索和完善，并即时呈现修改过程，最终完成设计。

图 11-2　细化建筑立面

11.1.2　设计思路

本案例讲解高层办公楼模型的创建过程，最后进行图像渲染和合成操作。在制作的过程中，要运用到推拉、复制和圆形、矩形等草绘命令，如图 11-3 所示为完成的高层办公楼模型图。

案例的制作步骤如下：

（1）通过推拉制作建筑框架。

（2）添加玻璃外墙等特征。

（3）创建附属建筑物。

（4）设置材质贴图并渲染。

图 11-3　高层建筑模型效果

11.2　案例操作

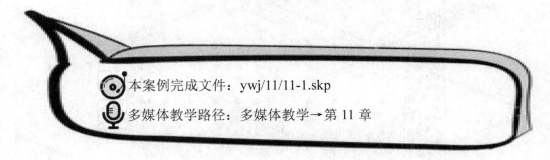

本案例完成文件：ywj/11/11-1.skp

多媒体教学路径：多媒体教学→第 11 章

11.2.1　创建办公楼主体

首先创建办公楼的主体，主要包括底层、柱子、上面主要楼层的结构等。

Step1 创建底平面

①单击大工具集工具栏中的【矩形】按钮 ▨，绘制一个 79.9 m×20 m 的矩形，如图 11-4 所示。

②将四角按照图示尺寸删除。

③单击【推拉】按钮 ♦，向下推拉 100 m。

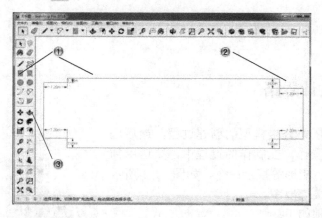

图 11-4　绘制底平面

Step2 创建主体柱子

①绘出辅助线及图形尺寸后，单击【圆】按钮，绘制一个半径为 0.9 m 的圆形结构柱轮廓，如图 11-5 所示。

②单击大工具集工具栏中的【推拉】按钮，将四周圆形向上推拉 9.8 m。

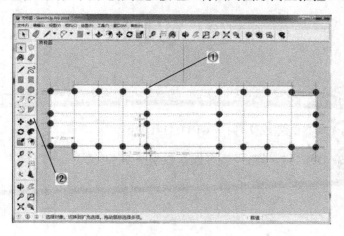

图 11-5　绘制主体柱子

Step3 创建中心圆形结构柱

① 将中心圆形向上推拉 10 m，如图 11-6 所示。

② 单击【偏移】按钮，将中心圆柱顶向内偏移 0.3 m，并向上推拉 14 m。

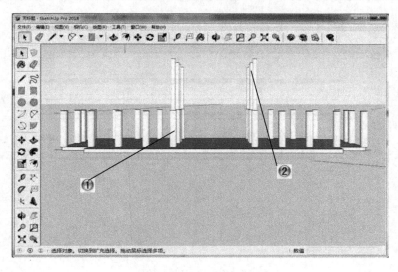

图 11-6 绘制中心圆形结构柱

Step4 创建首层外框

① 围着四周圆柱，绘制一个长 79.9 m 宽、17.5 m 的矩形，如图 11-7 所示。

② 单击【尺寸】按钮，绘出其余图形所需尺寸，按照尺寸绘制其余矩形。

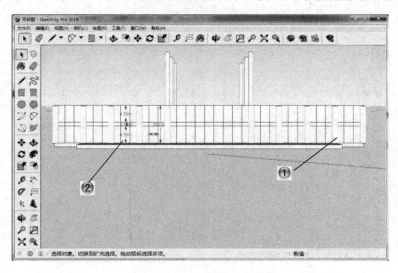

图 11-7 绘制首层外框

Step5 创建楼层板

① 在底座边线上画一条垂直线，向上 20m，如图 11-8 所示。

② 单击【移动】按钮，按住 Ctrl 键，分别向上移动 10m、5m、5m。

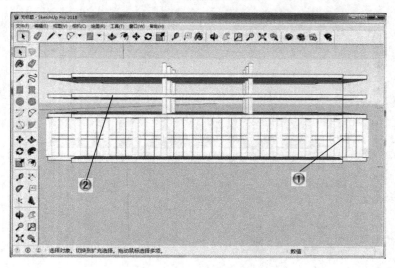

图 11-8　绘制楼层板

Step6 创建装饰框竖板

① 绘制出所需辅助线尺寸，绘制一个长 0.5m、宽 0.5m 的方形，如图 11-9 所示。

② 单击【推拉】按钮，向上推拉 10.85m。

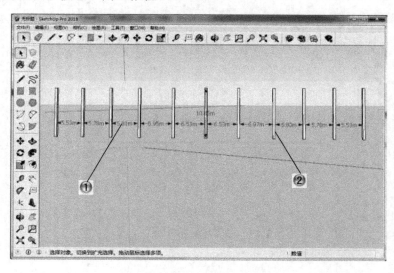

图 11-9　绘制装饰框竖板

Step7 创建装饰框斜拉板

① 绘出图形所需辅助线尺寸，单击【直线】按钮，绘制出所需图形，单击【推拉】按钮，向后推拉 1m，如图 11-10 所示。

② 在另一侧也用同样方法制作，创建完成装饰框。

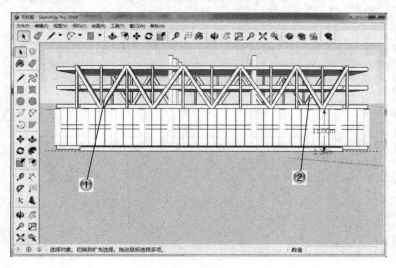

图 11-10　绘制装饰框斜拉板

Step8 创建圆形构造柱

① 绘出辅助线及尺寸，左侧 8.1m 处与墙距离为 1.5m，绘制圆形图形，如图 11-11 所示。

② 单击【推拉】按钮，向上推拉 5.2m，删除顶面。

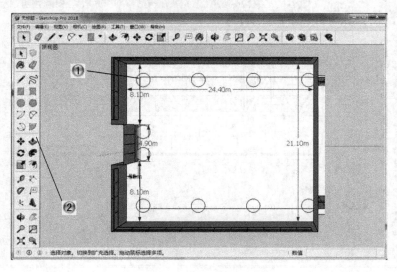

图 11-11　绘制圆形构造柱

Step9 绘制二层窗户

① 绘出辅助线及尺寸，如图 11-12 所示。

② 单击【直线】按钮，在建筑正面绘制所需图形，背面与正面相同。

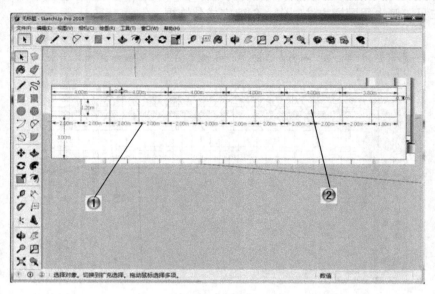

图 11-12　绘制二层窗户

Step10 绘制三四层窗户

① 使用相同方法绘出 3、4 层窗户，高度分别为 5m、4m，如图 11-13 所示。

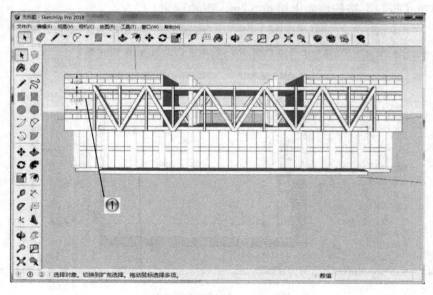

图 11-13　绘制三四层窗户

Step11 创建楼层板

① 绘出辅助线及尺寸，左侧 8.1m 处与墙距离为 1.5m，单击【直线】按钮，绘制图形，如图 11-14 所示。

② 单击【推拉】按钮，向上推拉 4m 后，删除顶面，按照此尺寸绘制图形向上推拉 1m，绘出楼板。

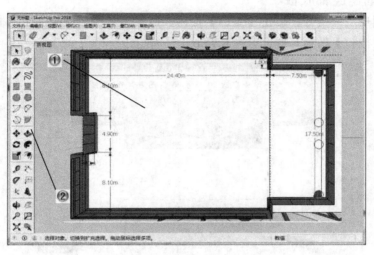

图 11-14　创建楼层板

Step12 绘制楼层和外墙

① 按照之前做法绘制外墙线，按住 Ctrl 键，将已绘好的图形向上复制 1 组，如图 11-15 所示。

② 复制图形，输入 X10，左右侧使用相同方法绘制出楼层。至此，办公楼主体创建完成。

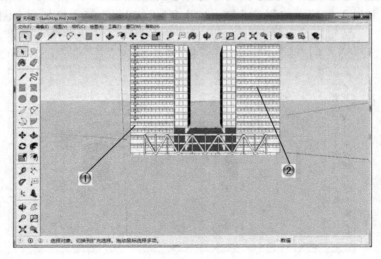

图 11-15　绘制楼层和外墙

11.2.2　创建办公楼其他部分

完成办公楼主体后，下面创建办公楼其他部分，包括上部的连廊和顶层的模型，以及楼梯的细节，并导入环境等模型。

Step1 创建连廊底板

① 绘制图形所需尺寸，单击【矩形】按钮，按照尺寸绘制矩形，如图 11-16 所示。

② 单击【推拉】按钮，向上推拉 0.95m。

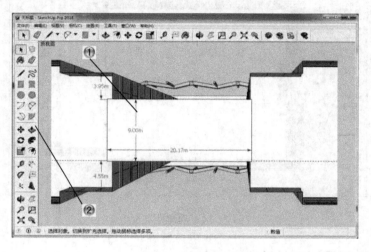

图 11-16　创建连廊底板

Step2 绘制连廊其他楼板

① 单击【直线】按钮，在矩形左侧下边缘绘出垂直直线，向上 8m，如图 11-17 所示。

② 单击【移动】按钮，按住 Ctrl 键，向上复制，间隔 3.05m 复制两个图形。

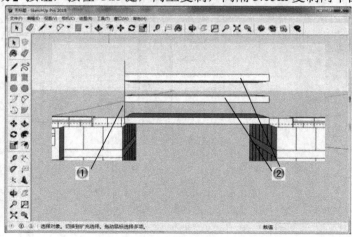

图 11-17　绘制连廊其他楼板

Step3 绘制连廊装饰

① 将已绘好的首层装饰按照所绘制矩形尺寸绘出装饰图,长度为 20m,如图 11-18 所示。

② 单击【移动】按钮,将绘好的装饰移动到指定位置。

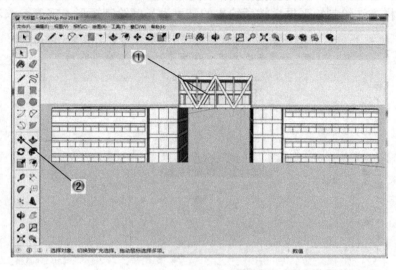

图 11-18　绘制连廊装饰

Step4 完成连廊和顶部楼层

① 在已绘好的装饰外侧绘制一个长 20.17m 宽 9.95m 的矩形,在矩形上按照给出尺寸,平均划为 8 份,如图 11-19 所示。

② 将之前绘好的每层再向上复制 3 层。

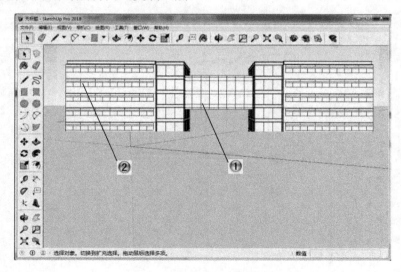

图 11-19　完成连廊和顶部楼层

Step5 绘制顶层内框

① 绘制一个长 17.17m 宽 15.41m 的矩形，向外推拉 0.2m，从上到下分别向内偏移 0.05m、0.1m，由上到下，向内推拉 0.05m，向外推拉 0.1m，如图 11-20 所示。

② 用同样方法绘制矩形框，按所给出的高度为长度绘制矩形，宽度一致。

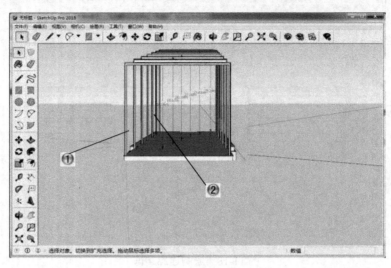

图 11-20　绘制顶层内框

Step6 绘制顶层侧面

① 将两端柱子连接，再将整个面填充完整，如图 11-21 所示。

② 绘制出尺寸线后，单击【直线】按钮，将图形连接，用同样方法绘制矩形框。

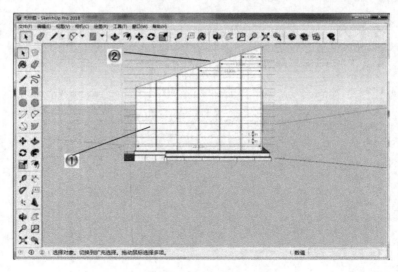

图 11-21　绘制顶层内框

Step7 绘制顶层外装饰

① 绘制一个长 0.55m 宽 0.15m 的长方形，向外推拉 0.8m，间隔为 0.7m，按住 Ctrl 键复制，然后输入 X4，如图 11-22 所示。

② 绘制一个半径为 0.32m 的圆，向内推拉复制，然后向上推拉 16.8m。

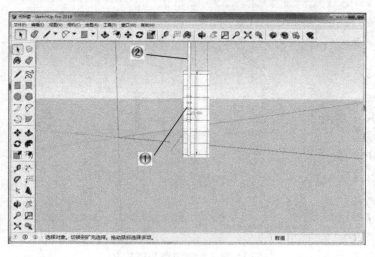

图 11-22　绘制顶层外装饰

Step8 完成办公楼模型

① 使用相同方法绘制剩余两根椭圆形柱体，向内偏移 0.07m，向上推拉 8.5m；最后向内偏移 0.07m，向上推拉 5.5m，如图 11-23 所示。

② 使用相同方法绘制另一侧图形，将做好的楼层按照之前方法向上复制两层，高度均为 4m。至此，办公楼模型制作完成。

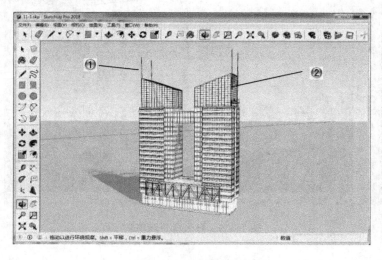

图 11-23　办公楼模型

Step9 绘制道路和停车位

①单击大工具集工具栏中的【矩形】按钮，如图 11-24 所示。

②绘制道路及停车位。

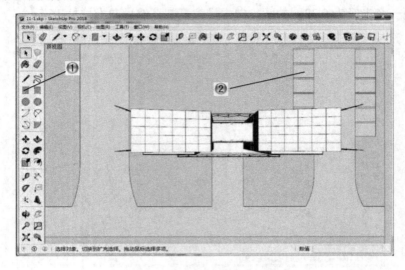

图 11-24　绘制道路和停车位

Step10 导入背景和植物

①导入环境背景图，如图 11-25 所示。

②导入绿色植物模型，至此，案例模型全部制作完成。

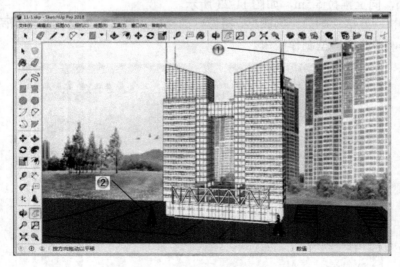

图 11-25　导入背景和植物

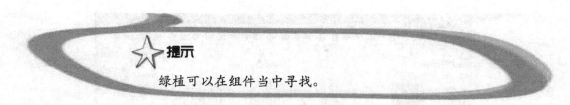

提示

绿植可以在组件当中寻找。

11.2.3　材质和贴图设计

创建办公楼建筑模型后，下面进行材质和贴图的设置和调整，最后进行渲染。

Step1 设置构造柱材质

①单击大工具集工具栏中的【材质】按钮，如图 11-26 所示，弹出【材质】编辑器。

②在【颜色】列表框中选择任意一种颜色，填充一次后将下载好的材质调出来，设置构造柱材质。

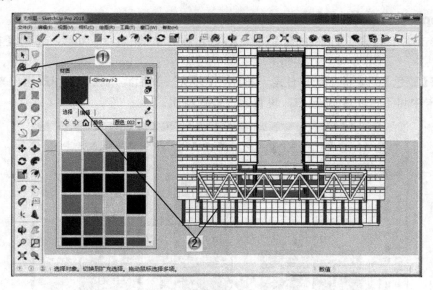

图 11-26　设置构造柱材质

Step2 设置外墙材质

①单击大工具集工具栏中的【材质】按钮，如图 11-27 所示，弹出【材质】编辑器。

②在【颜色】列表框中选择任意一种颜色，填充一次后将下载好的材质调出来，设置外墙材质。

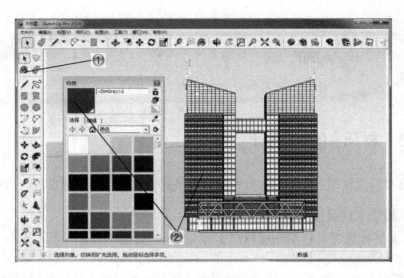

图 11-27　设置外墙材质

Step3 设置玻璃材质

① 单击大工具集工具栏中的【材质】按钮 ，如图 11-28 所示，弹出【材质】编辑器。

② 在【颜色】列表框中选择任意一种颜色，填充一次后将下载好的材质调出来，在【编辑】选项卡中将不透明度调至 45，设置窗户玻璃材质。

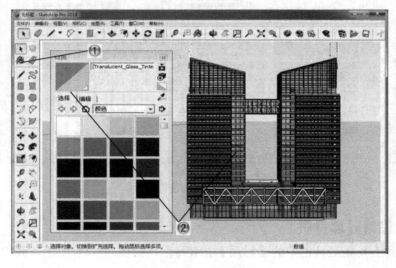

图 11-28　设置玻璃材质

Step4 设置地面材质

① 单击大工具集工具栏中的【材质】按钮 ，如图 11-29 所示，弹出【材质】编辑器。

②在【植被】列表框中选择【人工草皮植被】选项，将【不透明度】上方的尺寸调整到 10m，设置地面材质。

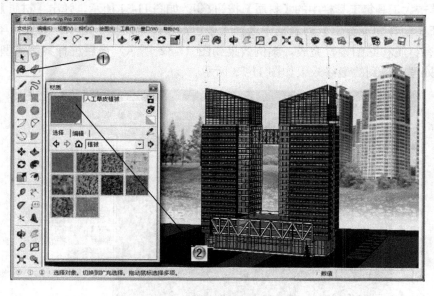

图 11-29　设置地面材质

Step5 设置道路材质

①单击大工具集工具栏中的【材质】按钮 ，如图 11-30 所示，弹出【材质】编辑器。

②在【沥青和混凝土】列表框中选择【新沥青】选项，设置道路材质。

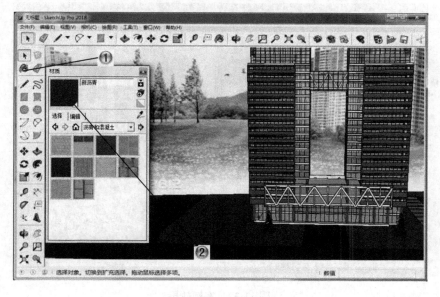

图 11-30　设置道路材质

Step6 设置停车位材质

① 单击大工具集工具栏中的【材质】按钮 ⑧，如图 11-31 所示，弹出【材质】编辑器。

② 在【沥青和混凝土】列表框中选择【多色混凝土铺路块】选项，设置停车位材质。

至此，所有材质和贴图设置完成，案例效果如图 11-32 所示。最后进行案例模型的渲染和后期图片处理，得到的最终效果如图 11-33 所示。

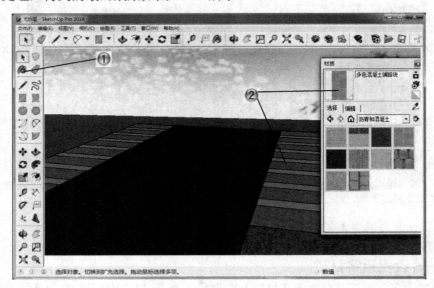

图 11-31　设置停车位材质

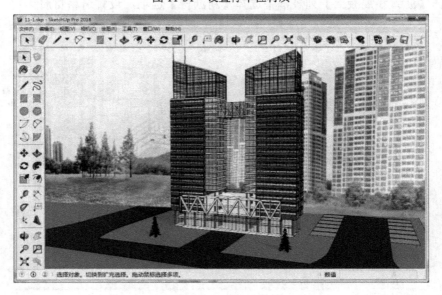

图 11-32　案例效果

图 11-33　案例最终渲染效果

11.3　本章小结

通过本章案例的学习，了解高层办公楼建筑模型的结构，以及制作办公楼建筑模型的顺序。本章的重点在于绘制模型方法的应用，当然在绘制过程当中，插件的应用十分关键。通过本章案例，读者可以进一步了解软件的相关建模命令，达到融会贯通。

11.4　课后练习

11.4.1　填空题

将 SketchUp 与＿＿＿＿结合使用，可以在方案设计的初期便实现＿＿＿＿和＿＿＿＿的自然融合，保持设计思维的连贯性，并不断促进设计灵感的创新。

答案：

CAD，平面，立面。

11.4.2　问答题

利用 SketchUp 进行设计的优势？

答案:

利用 SketchUp 可以灵活构建三维几何形体，由于计算机拥有对模型参数的强大处理能力，可以使模型构建更为精确和可计量化。在构建建筑形体的时候，SketchUp 灵活的图像处理功能又可以不断激发设计师的灵感，生成原本没有考虑到的新颖的造型形态，还可以不断转换观察角度，随时对造型进行探索和完善，并即时呈现修改过程，最终帮助完成设计。

11.4.3 操作题

使用本章介绍的制作方法和命令，创建高层建筑群模型，如图 11-34 所示。

图 11-34　高层建筑群模型

练习内容:

（1）创建建筑主体和框架。

（2）绘制窗户和阳台。

（3）创建屋顶和附件。

（4）添加材质并渲染。

第12章　高手应用案例4
——别墅庭院建筑设计应用

 本章导读

　　通过本章案例的学习，可以了解庭院景观的绘制技巧与流程，作为住宅用地细分出来的一种用地类型，别墅庭院作为私属景观的主载体，其设计方法不断更新，以满足人们对景观的高品质要求，与其他类型的住宅相比，别墅的特点在于提供个性化的生活方式、对环境品质要求较高、完全私有的庭院空间。别墅作为现代高档的住宅形式，其庭院景观设计有自身的个性。而现阶段别墅庭院的景观设计还停留在表层的物质阶段，缺乏与人的精神方面有关的因素。一个优秀的庭院景观必须设计巧妙、施工得当、养护妥善，才能体现别墅庭院景观的潜在魅力。

学习目标　　　　知识点	了解	理解	应用	实践
了解庭院的设计	✓	✓	✓	
制作建筑和景观模型	✓	✓	✓	✓
模型景观的细化	✓	✓	✓	✓
模型景观的后续处理方法	✓	✓	✓	✓

（学习要求）

12.1　案例分析

📅 12.1.1　知识链接

别墅和景观的主导设计思路和基本原则如下。

> （1）创造良好的人居环境和生态环境一直是设计者不断追求的目标，新世纪的新型别墅，为设计创意提出了明确的目标定位。
>
> （2）居住区是家庭生活的原点，关注家庭发展趋势，实现以人为本的设计思想。因此，居住区的规划设计定位于为每个人及每个家庭提供具有优美环境和温馨氛围的家园社区。
>
> （3）规划设计中尝试为居住者，尤其是老幼弱小者提供方便的步行系统，为其活动提供宽敞的景观空间，使这一部分居住者的安全活动范围不仅仅局限于居室。
>
> （4）保证别墅朝向。根据地区气候特点及相关课题研究结果，良好的朝向对于住户来说，无论是采光日照，还是通风，都至关重要。
>
> （5）强调绿脉与居民活动的融合。最大限度地发挥绿地的功效，满足不同层次居民活动的需求，将别墅与绿色活动空间融为一体。

比较重要的还有如下几个部分。

（1）植物设计在整体环境景观构建上有着极其重要的地位。

> 乔木的应用：乔木有常绿性和落叶性，其主干单一而明显。树形有高壮、低矮，并有开花美丽而以观花为主的树种。在景观设计上必须综合考虑树形的高矮、树冠的冠幅、枝干粗细、开花季节、色彩变化等因素，并加以应用。推荐种植菠萝树、芒果树、樟树、棕榈树、白玉兰、紫薇等。

灌木的应用：灌木树形低矮，基部易分枝成多数枝干，树冠变化较大。

观叶植物的应用：观叶植物以观赏其美丽的叶型、叶色为主，在造园应用上，必须选择有适当光照的地点栽植，使其生长繁茂、叶型美观。推荐种植吊兰、彩叶草、沿阶草、鱼尾葵等。

攀援植物的应用：利用空间，采用多种形式扩大绿化量。墙体的垂直绿化，即丰富了景观层次，有利于夏季降温，对冬季保温起到一定的调节作用。

（2）渗水砖铺面。

美观：面层好看，通体着色，毛面颗粒均匀、亚光、柔和、色泽自然。质感好，颜料采用进口颜料，耐晒时间长，难退色。颜色丰富，比传统使用的灰色、红色要自然，用于改善各条道路的景观有多方面的选择。

强度高、抗折性好：表面耐磨，使用寿命长，整体为通体色，主要原材料有以沙、矿碴、粉煤灰等环保材料，防滑透水，减少水份流失，有利于周边植被生长，并且保持散热及湿度。

平整：线条比较好看，缺边缺角比较少，砖与砖之间排列整齐大方，缝隙较小，很少出现高低不平，以及单块松动和断裂现象。

（3）庭院摆放椅子，漆成与花园色调相协调，让其成为点缀花园环镜的重要元素。

📅 12.1.2　设计思路

现在的人们对私家庭院、楼顶的空中花园甚至面积较大的阳台设计逐渐重视起来，要用景观将建筑没能表达完全或难以表达的东西表达出来，因此景观的设计和制作是十分必要的，本章案例就是通过一个别墅庭院建筑和景观的效果设计，达到较好的表达效果，案例的最终效果如图 12-1 所示。

案例的制作步骤如下：

（1）绘制建筑模型。

（2）制作前后方景观。

（3）设置材质贴图并渲染。

图 12-1　案例的最终效果

12.2　案例操作

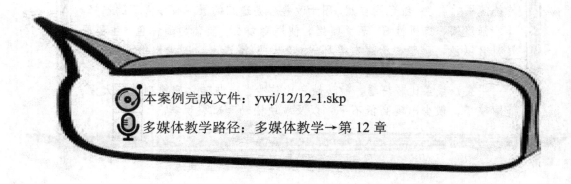

本案例完成文件：ywj/12/12-1.skp

多媒体教学路径：多媒体教学→第 12 章

12.2.1　制作建筑模型

首先制作庭院中建筑物的模型，主要是一个小别墅的建筑，包括墙壁、门窗、屋顶、栏杆、台阶等。

Step1 创建地板

① 选择【直线】工具，绘制模型区域，如图 12-2 所示。

② 选择【推拉】工具，推拉地面，地面推拉出 3000mm。

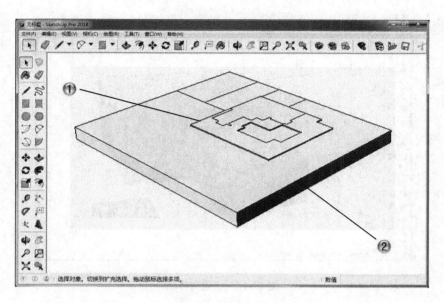

图 12-2   创建地板

Step2 创建泳池

① 选择【推拉】工具，推拉出泳池，如图 12-3 所示。

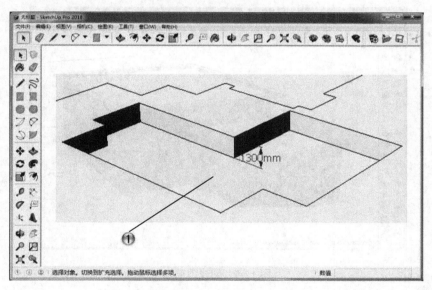

图 12-3   创建泳池

Step3 创建部分主体墙

① 选择【直线】工具，绘制别墅轮廓的一部分，如图 12-4 所示。

② 选择【推拉】工具，推拉轮廓到一定厚度。

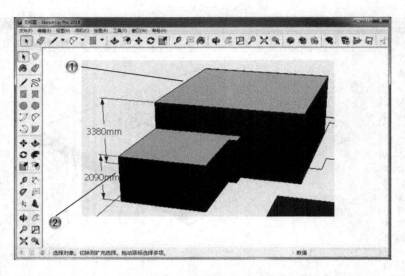

图 12-4　创建主体墙

Step4 创建顶部框

①选择【直线】工具，绘制顶部框轮廓，如图 12-5 所示。

②选择【推拉】工具，推拉顶部框到一定厚度。

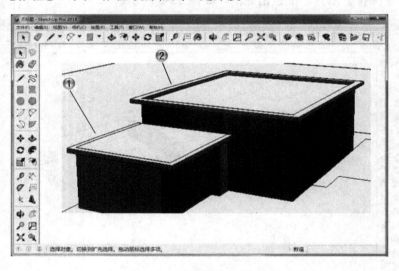

图 12-5　创建顶部框

Step5 创建窗户

①使用【直线】工具绘制窗户轮廓，选择【推拉】工具，推拉出窗户部分，并创建为组件，如图 12-6 所示。

②选择【移动】工具，移动并复制窗户组件。

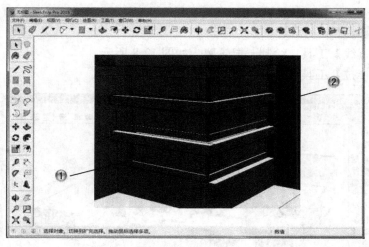

图 12-6　创建窗户

★ 提示

　　将模型创建为组，这样在修改的时候会很方便。如果绘制相同的模型，复制组件即可，且在编辑组件的时候，所有复制的组件会跟随改变。

Step6 创建屋顶和平台

① 运用【直线】工具和【推拉】工具，绘制模型顶部，并创建为群组，如图 12-7 所示。
② 选择【推拉】工具，推拉别墅平台。

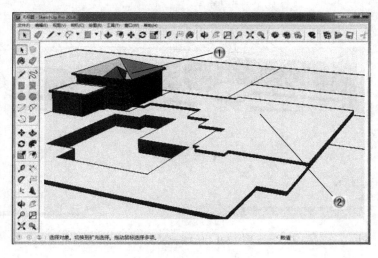

图 12-7　创建屋顶和平台

Step7 创建主体一层

①选择【直线】工具，绘制一层轮廓，如图 12-8 所示。

②选择【推拉】工具，推拉一层高度。

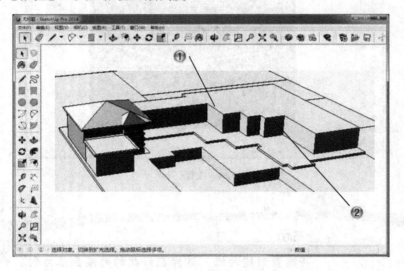

图 12-8　创建主体一层

Step8 绘制一层窗户

①选择【直线】工具，绘制窗户轮廓，如图 12-9 所示。

②选择【推拉】工具，推拉出窗户。

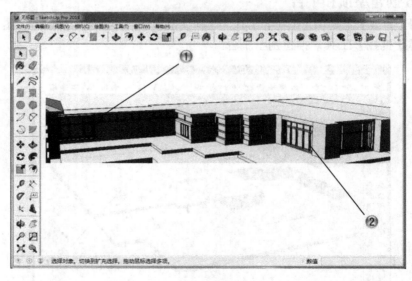

图 12-9　绘制一层窗户

Step9 绘制二层平台和主体

① 绘制二层平台轮廓,并创建为群组,然后推拉出二层平台厚度,如图 12-10 所示。

② 绘制二层底部轮廓,将二层底部轮廓推拉出一定厚度。

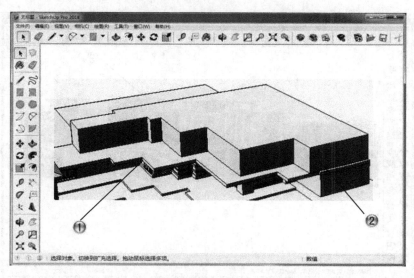

图 12-10　绘制二层平台和主体

Step10 绘制二层窗户

① 选择【直线】工具,绘制二层窗户轮廓,如图 12-11 所示。

② 选择【推拉】工具,推拉出二层窗户。

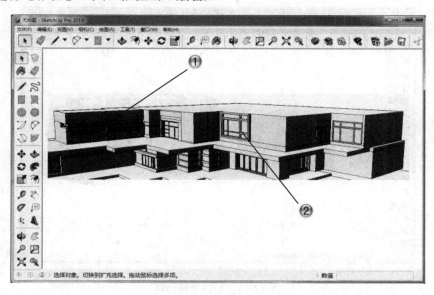

图 12-11　绘制二层窗户

Step11 绘制二层其他窗户

① 运用【直线】工具和【推拉】工具，绘制二层拐角窗户，如图 12-12 所示。
② 使用同样方法绘制建筑顶部窗户。

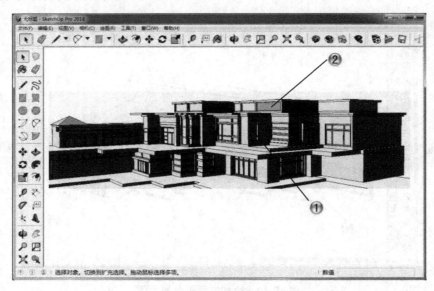

图 12-12　绘制二层其他窗户

Step12 创建建筑顶部

① 选择【直线】工具，绘制建筑顶部，如图 12-13 所示。

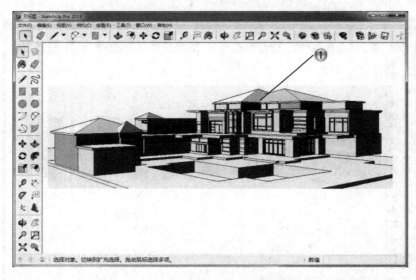

图 12-13　创建建筑顶部

Step13 绘制柱子

① 选择【矩形】工具，绘制矩形柱子轮廓，如图 12-14 所示。

② 选择【推拉】工具，推拉出柱子，并创建为组。

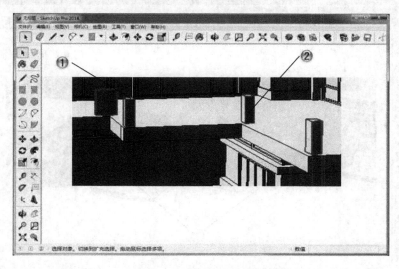

图 12-14　绘制柱子

Step14 绘制栏杆

① 运用【圆】工具和【直线】工具，绘制截面和路径，然后选择【路径跟随】工具，绘制栏杆，如图 12-15 所示。

② 选择【矩形】工具，绘制护栏。

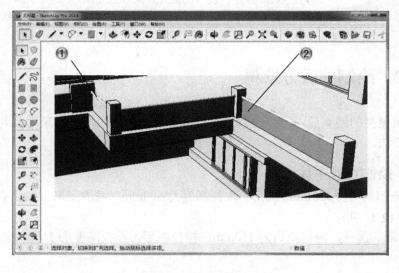

图 12-15　绘制柱子

Step15 创建台阶楼梯

① 使用同样方法，绘制出台阶的楼梯部分，如图 12-16 所示。

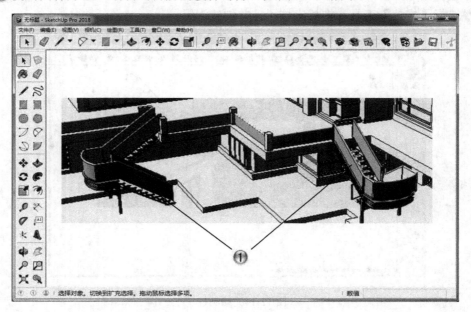

图 12-16　创建楼梯

★ **提示**

台阶基本参数：高 150mm，宽 300mm。

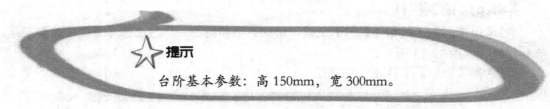

12.2.2　绘制前后方景观

完成建筑模型的绘制后，下面绘制建筑前方和后方的景观，主要采用绘制小品和导入外部文件的方法。

Step1 绘制花盆主体

① 绘制一个半径为 230mm 圆形，推拉高度为 600mm，缩放图形，按住 Ctrl 键，缩放 1.5 倍，如图 12-17 所示。

② 偏移顶部圆形，偏移距离为 110mm，推拉图形，推拉高度为 160mm。

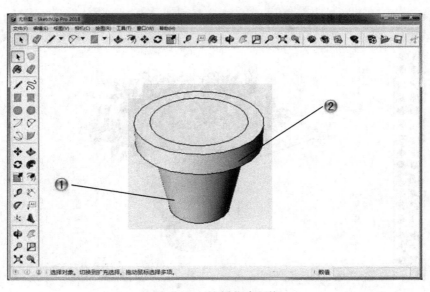

图 12-17　绘制花盆主体

Step2 完善花盆细节

① 运用【缩放】工具和【推拉】工具，修饰花盆边缘，如图 12-18 所示。

② 绘制边数为 8 的多边形，并绘制路径，选择【路径跟随】工具，绘制植物茎部模型。

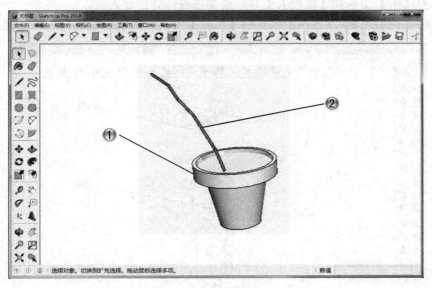

图 12-18　完善花盆细节

Step3 完成整体花盆

① 使用同样方法，绘制完成整体植物花盆，赋予植物原有色彩，如图 12-19 所示。

图 12-19　完成整体花盆

Step4 绘制灯柱

① 运用【矩形】工具和【推拉】工具，绘制路灯底部，如图 12-20 所示。

② 选择【圆】工具和【推拉】工具，绘制圆柱，并创建为组。

③ 运用【圆】工具、【直线】工具和【推拉】工具，绘制灯架部分，并创建为组。

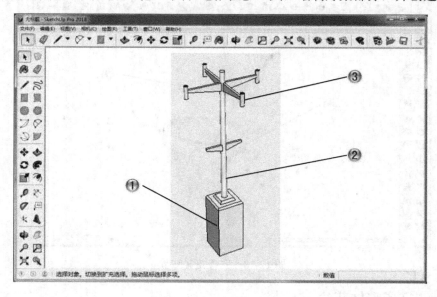

图 12-20　绘制灯柱

Step5 完成整体路灯

① 运用【路径跟随】工具绘制灯罩，移动并复制图形，如图 12-21 所示。

② 运用【多边形】工具和【推拉】工具，绘制花盆，这样完成整个路灯模型。

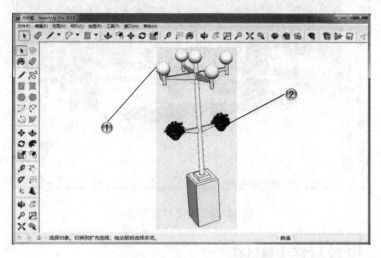

图 12-21　整体路灯模型

Step6 添加其他组件

① 通过导入的方式添加遮阳伞组件，如图 12-22 所示。

② 添加各种绿色植物组件，完成庭院前方景观的绘制。

图 12-22　添加其他组件

Step7 创建后方景观

① 通过导入的方式添加庭院后方树木组件，如图 12-23 所示。

②选择【文件】|【导入】菜单命令，导入背景图形，完成庭院后方景观制作。

图 12-23　创建后方景观

12.2.3　设置材质和贴图

创建完成别墅庭院设计的建筑和景观模型后，下面先进行材质和贴图的设置和调整，最后进行渲染。

Step1 设置玻璃材质

①单击大工具集工具栏中的【材质】按钮，如图 12-24 所示，打开【材质】编辑器。

②选择【半透明材质】中的【蓝色半透明玻璃】材质，赋予玻璃。

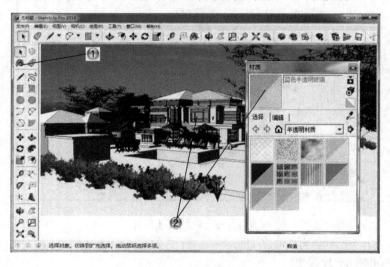

图 12-24　设置玻璃材质

Step2 设置屋顶材质

① 单击大工具集工具栏中的【材质】按钮,如图 12-25 所示,打开【材质】编辑器。

② 选择【屋顶】中的【红色金属立接缝屋顶】材质并进行颜色修改,然后赋予屋顶。

图 12-25　设置屋顶材质

Step3 设置窗框材质

① 单击大工具集工具栏中的【材质】按钮,如图 12-26 所示,打开【材质】编辑器。

② 选择【木质纹】中的【原色樱桃木质纹】材质,然后赋予窗框。

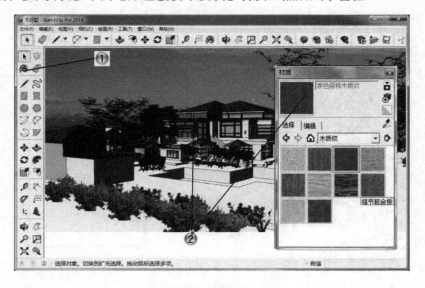

图 12-26　设置窗框材质

Step4 设置墙体材质

①单击大工具集工具栏中的【材质】按钮，如图 12-27 所示，打开【材质】编辑器。

②选择【石头】中的【浅色砂岩方石】材质，然后赋予墙体。

图 12-27　设置墙体材质

Step5 设置地面材质

①单击大工具集工具栏中的【材质】按钮，如图 12-28 所示，打开【材质】编辑器。

②选择【石头】中的【砖石建筑】材质，然后赋予地面。

图 12-28　设置地面材质

Step6 设置泳池墙面材质

① 单击大工具集工具栏中的【材质】按钮，如图 12-29 所示，打开【材质】编辑器。

② 选择【砖和覆盖】中的【蓝色砖】材质并调整颜色，然后赋予泳池墙面。

图 12-29 设置泳池墙面材质

Step7 设置泳池水材质

① 单击大工具集工具栏中的【材质】按钮，如图 12-30 所示，打开【材质】编辑器。

② 选择【水纹】中的【浅水池】材质，然后赋予泳池中的水。

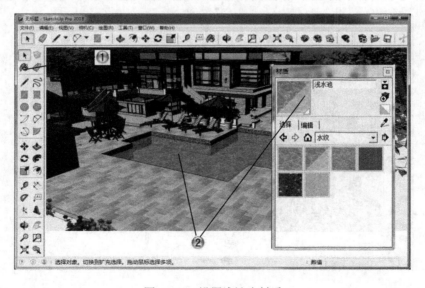

图 12-30 设置泳池水材质

Step8 设置草坪材质

① 单击大工具集工具栏中的【材质】按钮，如图 12-31 所示，打开【材质】编辑器。

② 选择【植被】中的【草皮植被 1】材质，然后赋予地面上的草坪。

图 12-31　设置草坪材质

Step9 设置栏杆材质

① 单击大工具集工具栏中的【材质】按钮，如图 12-32 所示，打开【材质】编辑器。

② 选择【金属】中的【金属光亮波浪纹】材质，然后赋予栏杆。

图 12-32　设置栏杆材质

Step10 设置护栏玻璃材质

① 单击大工具集工具栏中的【材质】按钮，如图 12-33 所示，打开【材质】编辑器。

② 选择【半透明材质】中的【灰色半透明玻璃】材质，然后赋予护栏玻璃。至此，所有材质和贴图设置完成，案例的最终模型如图 12-34 所示。

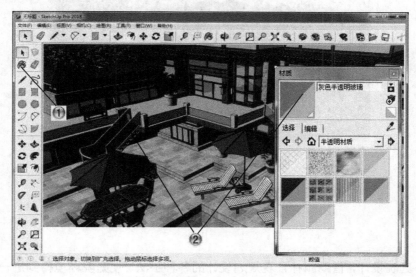

图 12-33　设置护栏玻璃材质

图 12-34　案例模型

Step11 进行渲染

最后，进行案例模型的渲染和后期图片处理，得到的最终效果如图 12-35 所示。

图 12-35　案例的最终渲染效果

12.3　本章小结

别墅小庭院设计，借助园林景观规划设计的各种手法，使庭院环境得到进一步的优化，带您亲近欧式乡村的小清新，回归到原始生态、质朴本真的生活本位上来，显示出强烈的归属感以及理性的荣耀感。在本章的学习中，希望读者掌握 SketchUp 各工具的使用方法，熟练运用这些方法。

12.4　课后练习

12.4.1　填空题

渗水砖铺面具有＿＿＿＿；＿＿＿＿、＿＿＿＿；＿＿＿＿的优点。

答案：

美观，强度高，抗折性好，平整。

12.4.2　问答题

攀援植物有哪些作用？

答案：

　　攀援植物利用空间，采用多种形式扩大绿化量。墙体的垂直绿化，即丰富了景观层次，有利于夏季降温，对冬季保温起到一定的调节作用。

12.4.3　操作题

　　本章操作练习是创建如图 12-36 所示的度假别墅效果，主要使用本章介绍的制作方法和命令。

图 12-36　度假别墅效果

　　练习内容：

（1）创建墙体和框架。
（2）绘制窗户和门。
（3）创建屋顶和附件。
（4）创建周边景观。
（5）添加材质并渲染，并进行后期处理。

第 13 章　高手应用案例 5
——湖边景观设计应用

 **本章导读**

　　通过本章案例学习，可以了解湖边道路及绿化景观的绘制技巧与流程。绿化工程是树木、花卉、草坪、地被和攀缘植物等植物的种植工程，要依据有关工程项目的工程原理、按照国家标准进行施工。绿化工程是创造出景色如画、健康文明的绿化景观，是反映社会意识形态的空间艺术，要满足人们精神文明的需要，另一方面，园林又是社会物质财富，是现实生活的实境。因此，本章案例有着很现实的意义。

<table>
<tr><td rowspan="5">学习要求</td><td colspan="2">学习目标
知识点</td><td>了解</td><td>理解</td><td>应用</td><td>实践</td></tr>
<tr><td colspan="2">景观主体模型制作</td><td>√</td><td>√</td><td>√</td><td>√</td></tr>
<tr><td colspan="2">模型景观摆放</td><td>√</td><td>√</td><td>√</td><td>√</td></tr>
<tr><td colspan="2">材质贴图设置</td><td>√</td><td>√</td><td>√</td><td>√</td></tr>
<tr><td colspan="2"></td><td></td><td></td><td></td><td></td></tr>
</table>

13.1 案例分析

13.1.1 知识链接

提高公路绿化层次的差异，从高大乔木、小乔木 花灌木、色叶小灌木、地被植物，形成多层次、高落差的绿化格局。多栽乔木，少栽甚至不栽草，实现"从路边有绿化，到道路从森林中穿过"设计理念的跨越，实现公路绿化带长远性与可持续性。提高绿化种植密度（三年后可以移植），极大地提高道路绿化地含绿量，重要路段力求工程竣工时即有有效的道路绿化度，本设计做到重点突出，在城市外围、绿岛、交通转盘，进行浓墨重彩的刻画。

园林绿化树种选择方法如下：

景观美化工程的成功与否，在很大程度上取决于植物品种的选择是否科学合理，如果路段所经地区自然条件恶劣，要使绿化苗木成活必须采取相应措施，保证植物生长的必备条件。为此，我们继续遵循"适地适树"绿化建设的基本原则，加强树木花草生态学特性的考察和研究，在植物的选择与配置上应注意当地环境的适应性，树种间关系的协调性和互补性，以乡土树种为主，适当应用经过试验的适应当地条件的树种。

以绿色为主，在满足交通功能的前提下，注意保护环境，减少水土流失，增加与周围景观的协调性。植物选择应考虑生物学特性、公路结构特点、立地条件、管理养护条件等诸多因素，具体应注意以下几个方面。

（1）抗逆性强，要求耐干旱，抗污水，病虫害少，便于管理。

（2）不会产生其他环境污染，不影响交通，不会成为附近农作物传播病虫害的中间媒介。

（3）树木根系良好，萌蘖性强，宜成活，耐修剪。

（4）节约型树种，抗旱、抗寒，适应性强及养护费用低。

（5）以乡土树种为主，多采用短时间能达到美化效果的苗木。

鉴于此，本着"因地制宜，适地适树"的原则，筛选出绝对优化的植物材料。2 米以下的苗木可以立装；2 米以上的苗木必须斜放或平放。土球朝前，树梢朝后，并用木架将树冠架稳。土球直径大小为 20 厘米的苗木只装一层；小土球可以码放 2-3 层，土球之间必须码放紧密，以防摇晃。

13.1.2 设计思路

湖边道路绿化，是城市绿化的重要组成部分，是改善城市道路生态环境的重要市政基础设施，与人们日常生活、工作学习息息相关，因此，设计湖边景观绿化很重要，本章案例正是通过对湖边景观的设计，表现一个好的效果，最终效果如图 13-1 所示。

通过这个案例的操作，将熟悉如下内容：

（1）创建基本景观模型，导入绿化小品。

（2）添加材质并渲染。

图 13-1　湖边景观全图

13.2　案例操作

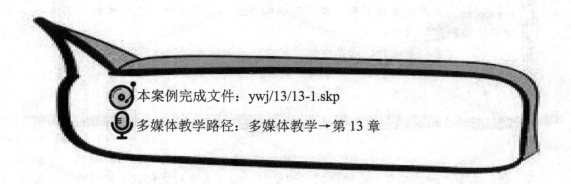

本案例完成文件：ywj/13/13-1.skp

多媒体教学路径：多媒体教学→第 13 章

13.2.1 创建景观主体

首先创建湖边景观的主体模型，包括地面、平台和平台上的立柱等。

Step1 创建景观地面轮廓

① 选择【矩形】工具，绘制出矩形轮廓，矩形尺寸为：长 827505mm，宽 649780mm，如图 13-2 所示。

② 选择【直线】工具，绘制出道路轮廓。

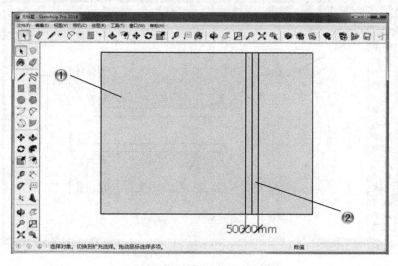

图 13-2　创建地面轮廓

Step2 创建地面坡度

① 选择【矩形】工具，绘制道路划线，如图 13-3 所示。

② 选择【直线】工具，绘制道路边坡度。

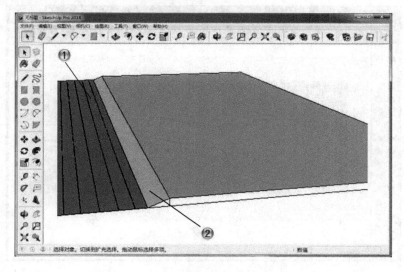

图 13-3　创建地面坡度

Step3 创建天桥平台轮廓

① 选择【直线】工具和【圆弧】工具，绘制天桥平台基本轮廓，如图 13-4 所示。

② 选择【偏移】工具，偏移图形。

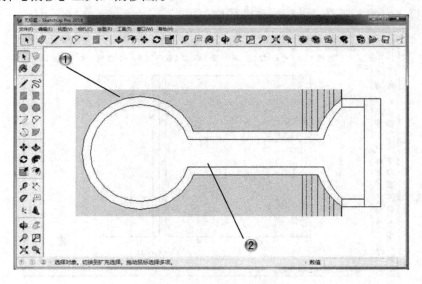

图 13-4　创建天桥平台轮廓

Step4 创建平台模型

① 选择【推拉】工具，推拉一定厚度，推拉 6625mm，如图 13-5 所示。

② 选择【偏移】工具，偏移图形，偏移 1500mm，并推拉成模型。

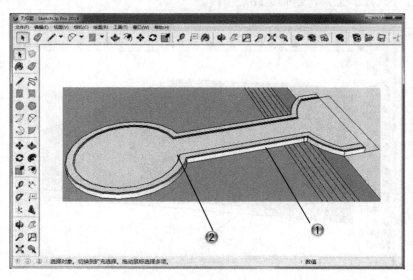

图 13-5　创建平台模型

Step5 创建中心圆台

①选择【直线】工具和【圆】工具，绘制中心圆台轮廓，并进行推拉，如图 13-6 所示。

②运用【直线】工具和【推拉】工具，绘制台阶部分。

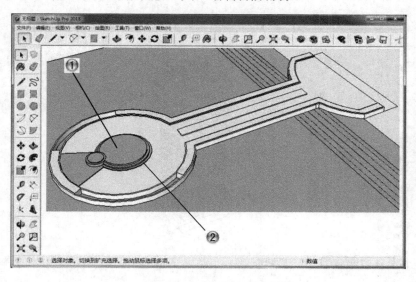

图 13-6　创建中心圆台

Step6 创建小立柱

①绘制一个长为 850mm、宽为 850mm 的矩形，并进行推拉，如图 13-7 所示。

②选择【推拉】工具和【偏移】工具，完成小立柱其他部分，并创建为组。

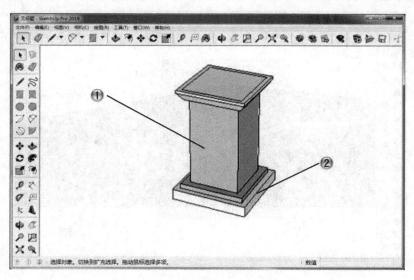

图 13-7　创建小立柱

Step7 完成小立柱和绿植

① 绘制截面和圆形路径后，选择【路径跟随】工具，绘制柱顶部模型，如图 13-8 所示。

② 选择【直线】工具，绘制绿植部分。

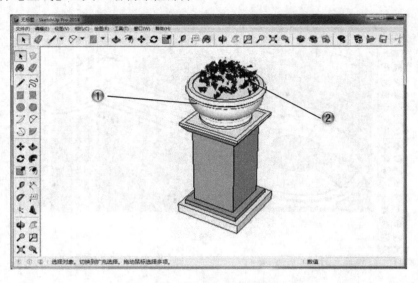

图 13-8   完成小立柱和绿植

Step8 复制小立柱

① 选择【移动】工具，配合使用 Ctrl 键，移动并复制小立柱模型，如图13-9所示。

② 运用【直线】工具和【推拉】工具，绘制平台台阶部分。

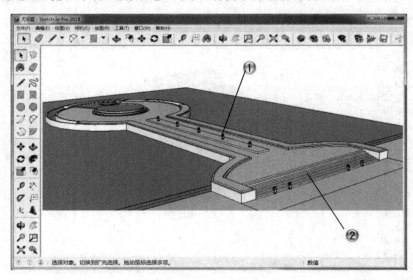

图 13-9   复制小立柱

Step9 创建平台周边柱子

① 选择【直线】工具，绘制柱子轮廓，推拉出柱子厚度，并创建为组，如图 13-10 所示。

② 运用【直线】工具和【推拉】工具，绘制出柱子的上半部分。

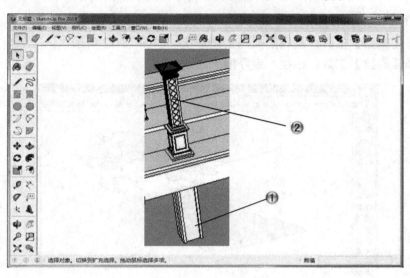

图 13-10　创建平台周边柱

Step10 复制柱子

① 选择【移动】工具，移动并复制柱子，如图 13-11 所示。这样就完成了景观主体模型的绘制。

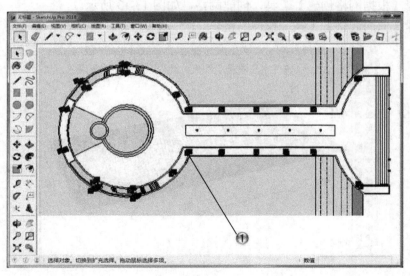

图 13-11　复制柱子

13.2.2 绘制湖面地形及其他

绘制完成主体模型后，下面绘制湖面中坡地地形及其他细节模型。

Step1 创建湖面地形基本形状

① 选择【圆弧】工具，绘制圆弧的云线形状，如图 13-12 所示。

② 选择【推拉】工具，推拉一定厚度。

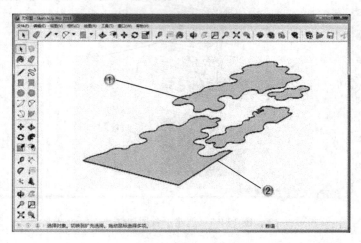

图 13-12　创建地形基本形状

Step2 拉伸网格效果

① 选择【根据网格创建】工具，创建网格，如图 13-13 所示。

② 选择【曲面起伏】工具，拉伸网格。

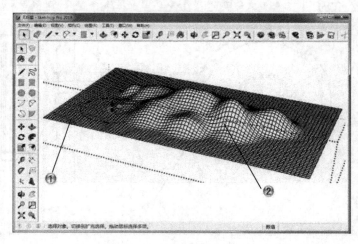

图 13-13　拉伸网格

Step3 完成湖面地形

① 选择【移动】工具，移动网格与地形基本形状重叠，如图 13-14 所示。

② 选择【移动】工具，将地面模型移动到合适位置。

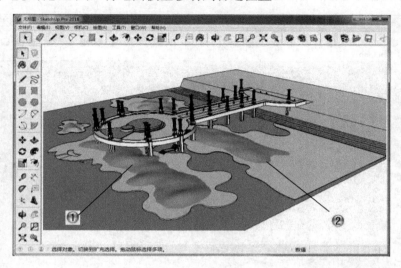

图 13-14　完成湖面地形

Step4 创建外延平台模型

① 运用【圆弧】工具和【直线】工具，绘制外延平台基本轮廓，推拉一定厚度，如图 13-15 所示。

② 运用【直线】工具和【圆弧】工具，绘制细节轮廓，推拉模型到一定厚度。

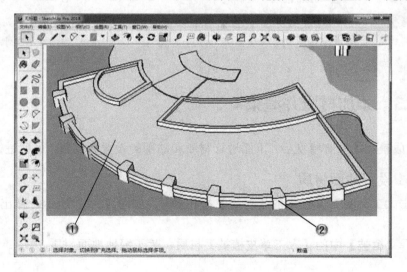

图 13-15　创建外延平台

Step5 添加树木和船

① 为场景添加树木组件，如图 13-16 所示。

② 为场景绘制轮船模型。

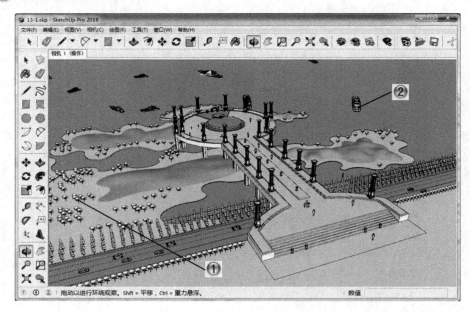

图 13-16　添加树木和船

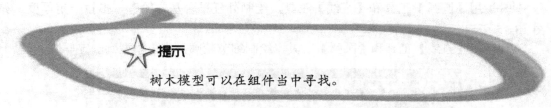

提示

树木模型可以在组件当中寻找。

13.2.3　添加材质并渲染

创建完成景观的所有模型后，下面进行材质和贴图的设置和调整，最后进行渲染出图。

Step1 设置地面材质

① 单击大工具集工具栏中的【材质】按钮 ，如图 13-17 所示，弹出【材质】编辑器。

② 选择【植被】中的【人工草皮植被】材质，赋予绿地地面材质。

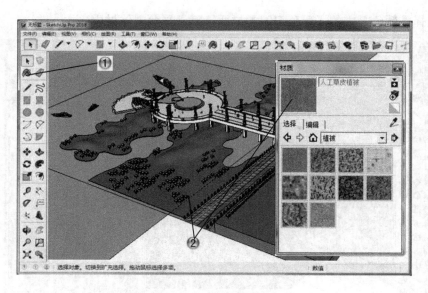

图 13-17　设置地面材质

Step2 设置路面材质

①单击大工具集工具栏中的【材质】按钮，如图 13-18 所示，弹出【材质】编辑器。

②选择【沥青和混凝土】中的【新沥青】材质，赋予路面材质。

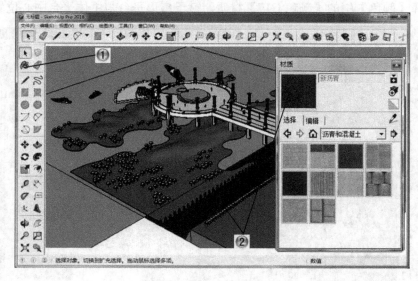

图 13-18　设置路面材质

Step3 设置平台主体材质

①单击大工具集工具栏中的【材质】按钮，如图 13-19 所示，弹出【材质】编辑器。

② 选择【颜色】中的【颜色 D04】材质，赋予平台主体材质。

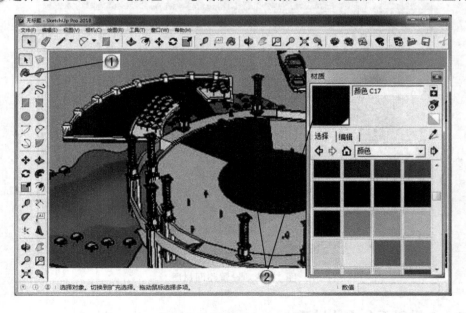

图 13-19　设置平台主体材质

Step4 设置平台中心材质

① 单击大工具集工具栏中的【材质】按钮 ，如图 13-20 所示，弹出【材质】编辑器。

② 选择【颜色】中的【颜色 C17】材质，赋予扇形平台与主体平台中心位置材质。

图 13-20　设置平台中心材质

Step5 设置湖面材质

① 单击大工具集工具栏中的【材质】按钮 ![材质按钮]，如图 13-21 所示，弹出【材质】编辑器。

② 选择【水纹】材质中的【Water_Pool】材质，赋予湖面材质。至此，这个案例的模型和材质就全部完成了。

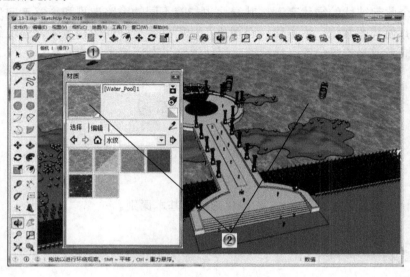

图 13-21　设置湖面材质

Step6 进行渲染

最后，对案例模型进行渲染和后期处理，得到的最终效果如图 13-22 所示。

图 13-22　案例的最终渲染效果

13.3　本章小结

通过本章案例的学习，了解景观的重要性和制作方法。本章的重点在绘制景观模型方法的应用，一个好的多功能道路绿化能够以大块绿化为重点和视觉中心，带动周边带状绿化，形成一个此起彼伏的绿化高潮，其绿化也能随不同的道路造型和道路走向形成不同的绿化景观，并使其图案化、生态化、合理化，从而具备良好的俯视效果，呈现舒适优美的视觉景观，提高道路的绿化率、绿视率，促使道路生态环境质量的提高。

13.4　课后练习

13.4.1　填空题

景观美化工程要遵循"＿＿＿＿"绿化建设的基本原则。

答案：

适地适树

13.4.2　问答题

如何提高公路绿化层次的差异？

答案：

提高公路绿化层次的差异，从高大乔木、小乔木　花灌木、色叶小灌木、地被植物，形成多层次、高落差的绿化格局。多栽乔木，少栽甚至不栽草，实现"从路边有绿化，到道路从森林中穿过"设计理念的跨越，实现公路绿化带长远性与可持续性。

13.4.3　操作题

本章的操作练习是创建如图 13-23 所示的水边公园模型，主要使用本章介绍的制作方法和命令。

图 13-23　水边公园模型

　练习内容：

（1）创建主体建筑。

（2）创建周边景观。

（3）创建水面和地形。

（4）添加材质并渲染。

第14章　高手应用案例6
——欧式园林景观设计

本章导读

　　欧式园林可分为自然式园林和规则式园林。自然式园林的代表为英国自然式园林，其特点是原生态、朴素、大方；植物没有过多的人工修剪，其配置大多是自然的群落化，这与英国人悠闲、散漫的生活态度有关。规则式园林的代表国家有法国和德国，法国的凡尔赛宫是典型的规则式园林，其特点是轴线清晰，分区多为几何形状，植物也多经修剪；给人以庄严、宏伟的感受，这与法国园林风格形成的时期有关（工业革命时期）。德国园林为台地式园林，其风格与法国相仿，但多为山地地形，为了顺应地势的变化，形成了台地式园林。本章主要讲解欧式园林景观的设计方法，系统学习建立模型和景观及材质渲染等一系列操作。

知识点 \ 学习目标	了解	理解	应用	实践
欧式园林景观模型的绘制	√	√	√	√
景观模型摆放	√	√	√	√
材质和贴图的应用	√	√	√	√
景观模型的后期处理	√	√	√	√

学习要求

14.1 案例分析

14.1.1 知识链接

一般认为，欧洲园林起源于古代西亚、北非及爱琴海地区，后来随着阿拉伯帝国征服西班牙，继承西亚波斯园林衣钵的伊斯兰园林传入西欧，欧洲园林体系完成奠基。

欧洲园林主要表现为开朗、活泼、规则、整齐、豪华、热烈、激情，有时甚至是不顾奢侈地讲究排场。古希腊哲学家推崇 "秩序是美的"，他们认为野生大自然是未经驯化的，充分体现人工造型的植物形式才是美的，所以植物形态都修剪成规整几何形式，园林中的道路都是整齐笔直的。18 世纪以前的西方古典园林景观都是沿中轴线对称展现。从希腊古罗马的庄园别墅，到文艺复兴时期意大利的台地园林，再到法国的凡尔赛宫苑，在规划设计中都有一个完整的中轴系统。从海神、农神、酒神、花神、阿波罗、丘比特、维纳斯以及山林水泽等到华丽的雕塑喷泉，放置在轴线交点的广场上，园林艺术主题是有神论的"人体美"。宽阔的中央大道，含有雕塑的喷泉水池，修剪成几何形体的绿篱，大片开阔平坦的草坪，树木成行成列栽植。地形、水池、瀑布、喷泉的造型都是人工几何形体，全园景观是一幅"人工图案装饰画"。西方古典园林的创作主导思想是以人为自然界的中心，大自然必须按照人的头脑中的秩序、规则、条理、模式来进行改造，以中轴对称的规则形式体现超越自然的人类征服力量，人造的几何规则景观超越一切自然。园中的建筑、草坪、树木无不讲究完整性和逻辑性，以几何形的组合达到数的和谐和完美，就如古希腊数学家毕达哥拉斯所说，整个天体与宇宙就是一种和谐，一种数。欧洲园林讲究的是一览无余，追求图案的美、人工的美、改造的美和征服的美，是一种开放式的园林，一种供多数人享乐的"众乐园"。

归纳起来，西方园林基本上是写实的、理性的、客观的，重图形、重人工、重秩序、重规律，以一种天生的、对理性思考的崇尚，把园林纳入严谨、认真、仔细的科学范畴。

欧式景观设计观点如下：

（1）美表现在比例的和谐上

在西方，自古希腊哲学家到文艺复兴时期的古典主义者，一贯主张美表现在比例的和谐上，规整式的园林手法保证了这一点，因为尺寸严谨的线条和各种景观要素保证了比例和谐这一原则。

（2）以人为本的景观基点

以人为本，以人的身体与心理感受为创作基点来进行景观布局，经典的东西总是能反映哪些能引起人本能的共鸣。欧洲尽管是以理性与科学主义为主导的地方，但欧洲的各个城市与景观中却不乏细腻的关心人体贴人的细节与小品。

14.1.2 设计思路

欧洲园林景观可以从多个角度进行剖析与理解。芬兰的自然主义，巴黎的华奢与整合，德国的朴实而清新，意大利的热情与理想主义，都给我们留下非常深刻的回忆。但总体来说，我们还是不难发现，有这么几条主线始终贯穿着各国千变万化后的共同风景本质。本章案例体现了欧式园林的特点，案例中欧式园林景观效果如图14-1所示。

通过这个案例的操作，了解欧式园林景观模型设计方法，将熟悉如下内容：

（1）创建欧式园林景观模型。

（2）材质和贴图处理。

（3）导入建筑模型并渲染。

图 14-1 欧式园林景观效果

14.2 案例操作

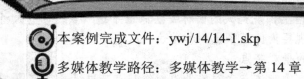

本案例完成文件：ywj/14/14-1.skp

多媒体教学路径：多媒体教学→第 14 章

14.2.1　创建园林景观模型

首先创建欧式园林景观的主体模型，包括地面、湖面、小桥和假山等。

Step1 创建园林地面

①选择【直线】工具和【圆弧】工具，创建园林的轮廓以及草坪地面部分轮廓，如图 14-2 所示。

②选择沙箱工具中的【根据等高线创建】工具，创建地面草坪。

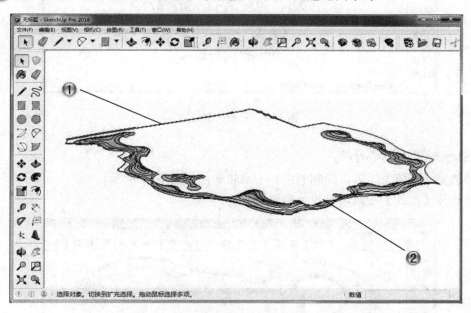

图 14-2　创建园林地面

提示

在沙箱工具中有很多方便创建地形的工具，在景观的地面设计中可以很方便快捷地使用。

Step2 绘制分割轮廓

①选择【圆弧】工具，绘制湖水水面轮廓，如图 14-3 所示。

②选择【圆弧】工具，绘制出草坪与铺砖路面分隔区域轮廓及地面铺砖分隔轮廓线。

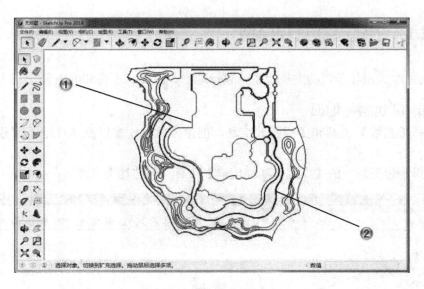

图 14-3　绘制分割轮廓

Step3 创建湖心小岛

①选择【圆弧】工具，绘制湖中心小岛轮廓，如图 14-4 所示。
②选择【推拉】工具，推拉一定厚度。

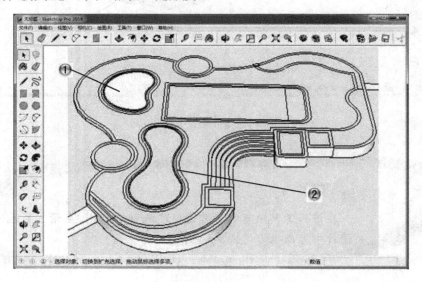

图 14-4　创建湖心小岛

Step4 创建休息区轮廓和地面图案

①绘制出其他休息区与台阶部分，如图 14-5 所示。
②选择【圆弧】工具，绘制模型中的地面图案，如图 14-6 所示。

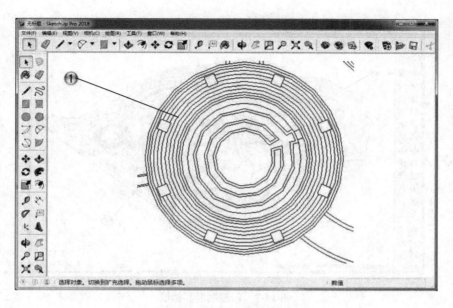

图 14-5　创建休息区轮廓

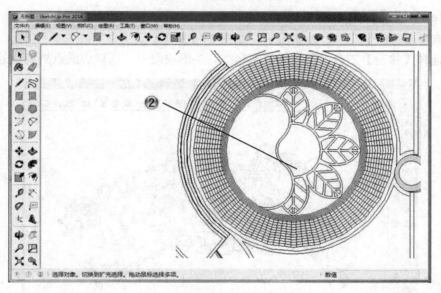

图 14-6　创建地面图案

Step5 创建湖面和挡墙

①选择【推拉】工具，推拉出湖面，如图 14-7 所示。

②选择【推拉】工具，推拉挡墙墙体部分。

图 14-7　创建湖面和挡墙

❗Step6 创建假山

①选择【直线】工具，绘制石头，如图 14-8 所示。

②选择【移动】工具，移动并复制模型石头形成假山，选择边或点来调整外观形状。

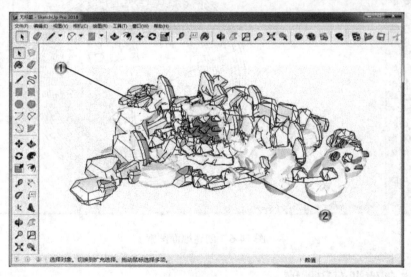

图 14-8　创建假山

❗Step7 创建小桥

①运用【直线】工具和【圆弧】工具，绘制桥的侧面轮廓，如图 14-9 所示。

②选择【推拉】工具，推拉一定厚度形成桥体模型。

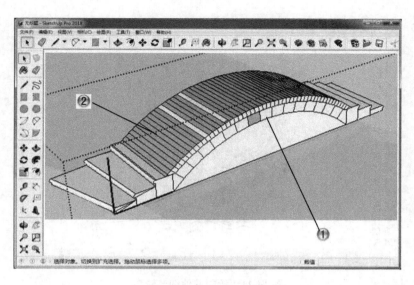

图 14-9　创建小桥

Step8 创建小桥栏杆

① 运用【圆弧】工具和【矩形】工具，绘制截面与路径，选择【路径跟随】工具，绘制桥的扶手，如图 14-10 所示。

② 运用【矩形】工具和【推拉】工具，绘制出桥的栏杆并复制到另一侧。

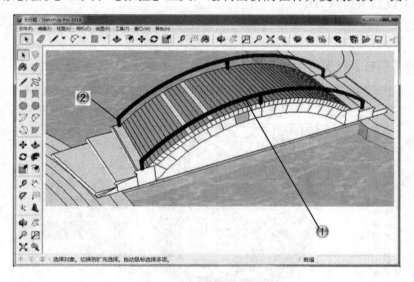

图 14-10　创建小桥栏杆

Step9 绘制其他细节轮廓

① 选择【直线】工具，绘制其他地面图形，如图 14-11 所示。

② 绘制其他细节轮廓，至此完成了园林景观模型创建。

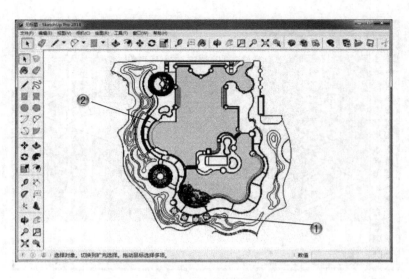

图 14-11　绘制其他细节轮廓

📅 14.2.2　材质和贴图处理

完成园林景观模型后，下面进行材质和贴图设计，将园林景观模型赋上材质。

❗Step1 设置地面材质

①单击大工具集工具栏中的【材质】按钮🖌，如图 14-12 所示，弹出【材质】编辑器。

②选择【植被】材质中的【草皮植被 1】材质，赋予草坪地面材质。

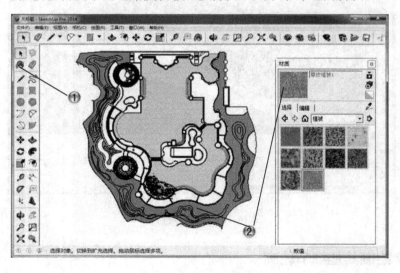

图 14-12　设置地面材质

Step2 设置假山材质

① 打开【材质】编辑器，选择【10-1.jpg】材质，赋予假山材质，如图 14-13 所示。

② 添加人物与树木组件，完成假山效果。

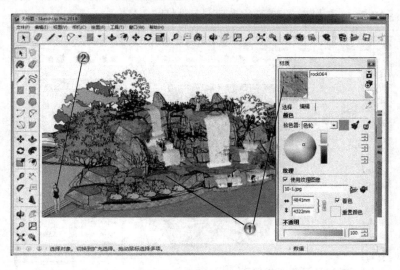

图 14-13　设置假山材质

Step3 设置路面材质

① 单击大工具集工具栏中的【材质】按钮 ，如图 14-14 所示，弹出【材质】编辑器。

② 选择【10-2.jpg】材质，赋予路面材质。

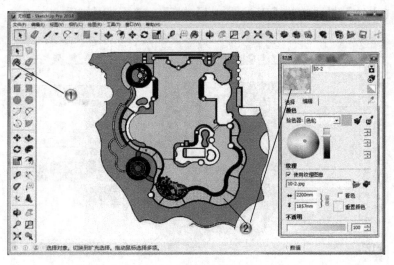

图 14-14　设置路面材质

Step4 设置休息区地面材质

① 单击大工具集工具栏中的【材质】按钮 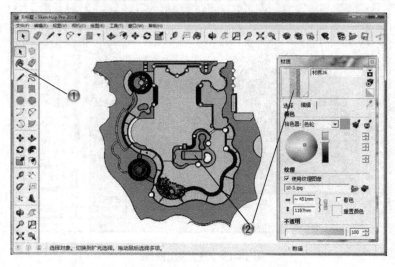，如图 14-15 所示，弹出【材质】编辑器。

② 选择【10-3.jpg】材质，赋予休息区地面材质。

图 14-15　设置休息区地面材质

Step5 设置湖面材质

① 单击大工具集工具栏中的【材质】按钮 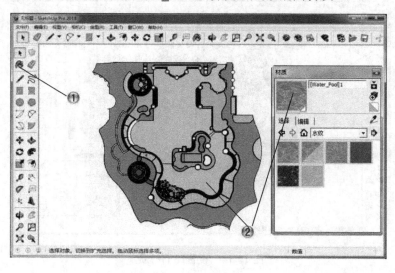，如图 14-16 所示，弹出【材质】编辑器。

② 选择【水纹】材质中的【Water_Pool】材质，赋予湖面材质。

图 14-16　设置湖面材质

14.2.3　导入建筑模型和环境

完成园林景观模型和材质后，最后导入园林中的建筑模型和树木环境，并进行最终渲染出图。

Step1 导入树木和环境组件

① 选择【组件】命令，添加树木组件，如图 14-17 所示。

② 按照同样方法，导入背景环境中的其他组件。

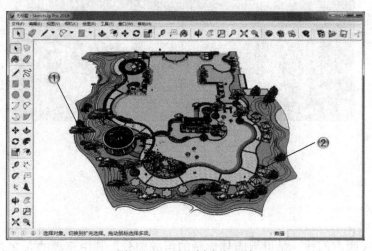

图 14-17　导入树木和环境

Step2 导入建筑模型

① 选择【组件】命令，导入中间主要的桥廊建筑模型，如图 14-18 所示。

② 按照同样方法，导入圆塔等建筑模型。至此，这个案例的模型效果全部完成。

图 14-18　导入建筑模型

Step3 进行渲染

最后，进行案例模型的渲染和后期图片处理，得到的最终效果如图 14-19 所示。

图 14-19 案例最终渲染效果

14.3 本章小结

欧洲园林（西方园林）是世界园林体系的组成部分，其中充满的人文关怀和自由主义是其特色。通过本章案例的学习，了解欧式园林景观的特点和制作方法，本章重点在于绘制景观模型方法的应用，希望读者能多练习。

14.4 课后练习

14.4.1 填空题

（1）欧式园林可分为_____和_____。

（2）一般认为，欧洲园林起源于古代_____、_____以及_____地区，后来随着阿拉伯帝国征服西班牙，继承西亚波斯园林衣钵的伊斯兰园林传入西欧，欧洲园林体系完成奠基。

答案：

（1）自然式园林，规则式园林。

（2）西亚，北非，爱琴海。

14.4.2　问答题

欧洲园林的主要表现有哪些？

答案：

欧洲园林主要表现为开朗、活泼、规则、整齐、豪华、热烈、激情，有时甚至是不顾奢侈地讲究排场。

14.4.3　操作题

使用本章介绍的制作方法和命令，创建欧式会所广场模型，如图 14-20 所示。

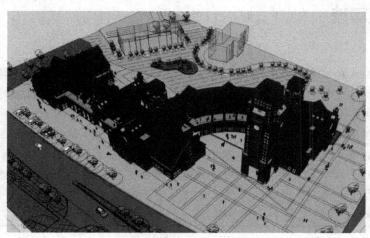

图 14-20　欧式会所广场模型

练习内容：

（1）创建主体建筑；

（2）创建周边景观；

（3）添加材质并渲染。

第15章 高手应用案例7
——中式园林古建景观设计

 **本章导读**

　　中国古典园林在世界上享有极高的声誉。中国自然山水式园林作为一种艺术，其造园艺术历来与中国的文学艺术相通，相互之间有着深远的渊源，尤其受唐宋时期以来的山水画写意影响，在整个园林建造上处处蕴藏着丰富的文化内涵。中国古典园林作为一种兼有实用与审美双重属性的艺术作品，其在营造要素上，主要包括了山水创作、建筑经营、植物配置、动物生趣、天象季相、景线布局、装饰陈设、诗情画意等八项要素相互融会贯通来表达相关意境。本章案例所制作的中式纪念公园将充分展现我国古典园林的魅力，在本章主要学习中式园林景观设计方法，学习建立模型景观及材质渲染等一系列操作。

知识点 \ 学习目标	了解	理解	应用	实践
中式园林景观模型的绘制	√	√	√	√
景观模型的细化	√	√	√	√
景观模型的后续处理方法	√	√	√	√

学习要求

15.1 案例分析

15.1.1 知识链接

复古之风在近几年悄然风行起来，中式古典园林被人们广泛接受，它不仅能反映出强烈的中式民族文化特点，而且可以让人们更容易理解其中的文化内涵，中国人对这一点更有一种亲和力。简单的复古是不适应当今社会的，用现代手法与古典元素相结合，融为一体，古今结合，融入中式园林的曲径通幽、移步异景、隔障法、借景法等中式典雅意境，让整个园林弥漫浓厚的人文历史气韵，使进入园林的人们感受到中国文化的源远流长，起到教育和纪念性作用。

另一方面，随着经济发展，生态环境恶化，空气污染，城市绿地面积越来越少。绿地对于净化空气、吸收粉尘、美化环境、改变局部小气候的作用不可轻视。所以，城市公园的建设就非常重要，它改善了城市环境，也让人们对古文化有一定的了解。

中式园林景观，旨在与研究景观建筑和周边环境设计在现代社会的应用发展趋势，努力做到文化内涵的挖掘和地块环境的保护，以及社区气氛的营造，着力营造一个舒适自然的游览空间。既有现代的智能与设计，又有传统的内涵和稳重，在保留古代文化的同时也符合现代人对环境生活的需求。

在设计手法上，以一横一纵的主干道方式设计出整体感强、内容规整、功能分区合理、植物配置适合、游览路线清晰明了的总体布局。在各个建筑小品上，充分利用东汉元素，让人们在游览园区的时候很容易感受到东汉时期的文化内涵。在功能上，景观设计的物理功能要充分满足人们的尺度需要、生理需要和心理需要，使人们在园林活动中达到舒适、安全、高效的目的。在设计上，遵循人本主义原则，在设计中建立环境舒适、功能齐全、无障碍的园林空间，做到全心全意为人民服务。在细节设计中，用微妙的汉代元素变化让游园者感受到汉代文化的源远流长，是设计达到以人为本的设计原则，更具人性化。在园林设计上充分尊重自然、保护自然，并遵循节约资源、因地制宜、生态设计、绿色建筑等生态原则，将整个园林分为中心广场区、停车区、广场雕塑区、休息娱乐区、活动区、观光区、亲水区、儿童乐园、卫生间等。

中心广场区：此区以圆、半圆以及半圆条形组成，中心以一个大圆，周围以半圆或以半圆条环绕，进行优化组合，形成中心的植物花卉，外围再以游览圈场地、文化石、景观小品、花廊、景观带组成的中心广场。

停车场：此区以园林一角为地点，为交通要道，缓解交通压力，更好地为人们服务，解决交通不畅问题而设计的，在此停车后还可以直接进入中心广场区，交通便利、方便、舒适。

广场雕塑区：此区交通便利，以雕塑为中心来显示整个园林的重点，纪念荀淑以及八龙冢，使人们刚进入园林就开始感受到汉代文化的博大，后有小叠泉、广场等，雕塑后有一条小泉水直达中心湖区。

休息娱乐区：休息娱乐区以安逸、休闲娱乐为主，设置了一些座椅，供人们休息，周围植物配置最丰富，使人们即使在不同的地点也能感受到不同的风景，配置了各个季节的植物，在不同的季节也能感受到园林的美景，在植物搭配上，比较注重植物的高低搭配，有高大的树木，中间也有灌木等，再配合色调丰富的的低矮植物，形成立体布局、地面植物和水生植物都有的局面，改变种植单一的植物，为人们提供良好的休息环境，周围也有湖水，使人们在休息时能够得到视觉、听觉等多种感受。中部的休息娱乐区以河面为主，由亭子、小桥、走廊组成，突破一贯的地面休息娱乐区的布局，让人们在水上休息、娱乐，感受水面上的乐趣。

活动区：此区由三个小广场组成，用以满足不同人群活动的需要，并且这三个活动区间隔较远，互不干扰，活动区周围都相应配置休息娱乐设施供人们使用。

观光区：观光区主要供人们游览时观赏，相对的植物配置要求较高，做到高中低、近中远、白天和夜晚、不同季节和不同地点不同空间可以观赏到不同美景的要求。

亲水区：此区主要在湖边，由湖和湖边一些设施组成，供人们在水边游戏、玩耍，主要有小桥流水、小船、水上走廊、亭子等，使人们在此区玩耍时舒适、方便，达到情感交流、亲情融洽、融和家庭情感的作用。

卫生间：由于此园林面积较大，卫生间不可免，在两个不同的方向设计卫生间，满足不同方向的人群使用。

儿童乐园：此区以三个六边形为主要基地，在六边形中设置儿童玩耍设施，主要有草地、沙地，还有一些儿童娱乐的基本设施等，用于儿童玩耍，另外一点比较重要的是，设计此区时一定要考虑到儿童的安全，包括设施、基地的无障碍等，确保无坚硬棱角物等出现。

15.1.2　设计思路

本章案例是一个有着中式园林特点的纪念性公园，它作为公园体系中的重要组成部分，有着其他类型公园不可替代的功能和作用，成为建设现代文明社会、人文社会的一个重要的文化组成部分，现在越来越多的重视起来。现代社会发展速度越来越快，人们对于古代文化的遗忘越来越严重，对古代文化遗产的保护日显重要，在人们忙于奔波而劳累的时候，出现一种可以让人们忘记烦恼和忧愁、减轻压力又可以让人们怀念历史文化的场所日显重要，然而，纪念性公园的出现正是在这样的境况下产生的。本章案例正是体现了中式园林的特点，案例的中式园林景观效果如图 15-1 所示。

通过这个案例的操作，学习中式园林景观模型设计方法，将熟悉如下内容：

（1）创建中式园林景观模型。

（2）添加组件和材质贴图，并进行渲染。

图 15-1　中式园林景观效果

15.2　案例操作

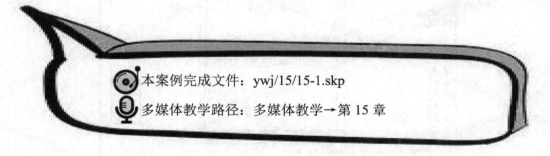

本案例完成文件：ywj/15/15-1.skp

多媒体教学路径：多媒体教学→第 15 章

15.2.1　创建园林景观模型

创建中式园林景观的主体模型，包括建筑物、地面、路面、景观亭和绿化等。

Step1 创建景观区域轮廓和道路

① 选择【直线】工具，绘制景观区域轮廓，如图 15-2 所示。

② 运用【直线】工具和【圆弧】工具，绘制主道路轮廓。

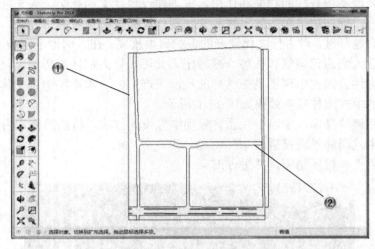

图 15-2 创建景观区域轮廓和道路

Step2 绘制建筑物底部轮廓

① 运用【直线】工具和【圆弧】工具，绘制主建筑物底部轮廓，如图 15-3 所示。

② 运用【直线】工具和【圆弧】工具，绘制附属建筑物底部轮廓。

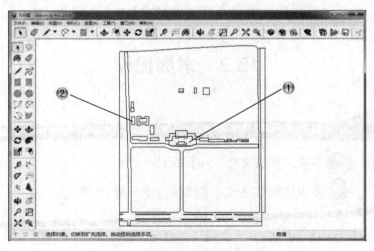

图 15-3 绘制建筑物底部轮廓

Step3 绘制庭院和走廊轮廓

① 选择【直线】工具，绘制庭院走廊轮廓，如图 15-4 所示。

② 运用【直线】工具和【圆弧】工具，绘制围墙及观光路轮廓。

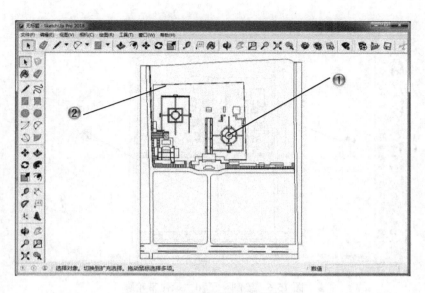

图 15-4　绘制庭院和走廊轮廓

!Step4 绘制停车带及其他主要建筑轮廓

①运用【直线】工具和【圆弧】工具，绘制停车带及附属建筑内院，如图 15-5 所示。

②选择【直线】工具，绘制其他主要建筑物轮廓。

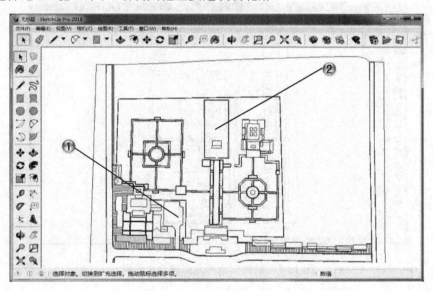

图 15-5　绘制停车带及其他主要建筑轮廓

!Step5 绘制亭子和主绿化带轮廓

①运用【直线】工具和【圆弧】工具，绘制亭子轮廓，如图 15-6 所示。

②选择【直线】工具，绘制内部主道路绿化带轮廓。

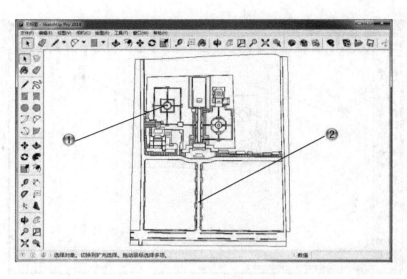

图 15-6　绘制亭子和主绿化带轮廓

Step6 绘制树池和虚拟建筑物轮廓

① 运用【直线】工具，绘制绿化树池轮廓，如图 15-7 所示。

② 选择【直线】工具，绘制虚拟建筑物轮廓。

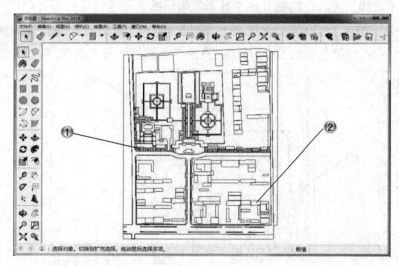

图 15-7　绘制树池和虚拟建筑物轮廓

 提示

　　绘制所有建筑物轮廓是为了更好地进行建筑景观的布局，分区合理后，再进行后面模型的拉伸会事半功倍。

Step7 绘制主建筑地面

① 绘制完成各轮廓后，下面对一个主建筑物进行建模。首先选择【矩形】工具，绘制主通道口轮廓，如图 15-8 所示。

② 运用【直线】工具和【推拉】工具，选择一处台阶推拉一定高度绘制正门台阶体。

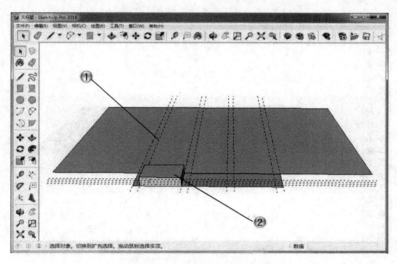

图 15-8　绘制主建筑地面

Step8 绘制正门台阶

① 运用【直线】工具和【推拉】工具，按一定高度做出台阶形状，绘制正门台阶，如图 15-9 所示。

② 用同样方法将所有台阶全部绘制完成。

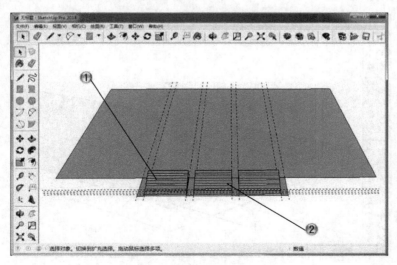

图 15-9　绘制正门台阶

Step9 绘制台阶墙

① 选择【卷尺】工具，按原尺寸线做出辅助线，运用【直线】工具绘制所需图形后进行推拉，绘制正门台阶左侧墙，如图 15-10 所示。

② 用同样方法将所有台阶墙全部绘制完成。

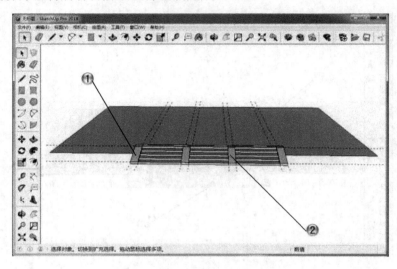

图 15-10　绘制台阶墙

Step10 绘制柱子

① 选择【圆】工具，按一定半径画圆，绘制柱子底部轮廓，然后推拉一定高度，缩放一定比例，得到外侧柱子底部模型，如图 15-11 所示。

② 选择【推拉】工具，推拉一定尺寸，绘制外侧柱子的柱身。

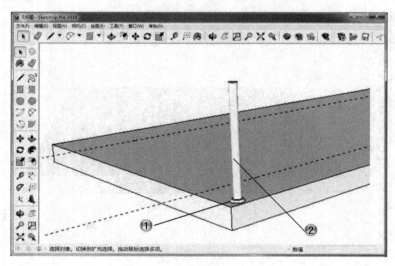

图 15-11　绘制柱子

Step11 绘制其他柱子

① 使用【移动】工具，复制其他外侧柱子，如图 15-12 所示。

② 按照同样的方法，绘制内侧柱子。

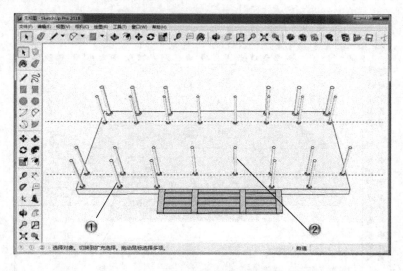

图 15-12　绘制其他柱子

Step12 创建首层墙体

① 选择【卷尺】工具，做出首层墙体辅助线，运用【矩形】工具绘制墙体轮廓，如图 15-13 所示。

② 选择【拉伸】工具，将墙体拉伸至内柱高度，绘制首层墙体。

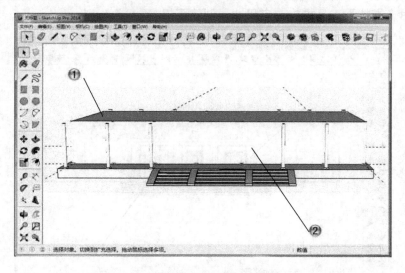

图 15-13　绘制首层墙体

Step13 创建窗台

①选择【卷尺】工具，按照一定尺寸绘出窗台辅助线，如图 15-14 所示。

②选择【矩形】工具，按照柱间距离画出窗台，然后选择【推拉】工具做出窗台，绘制首层窗台。

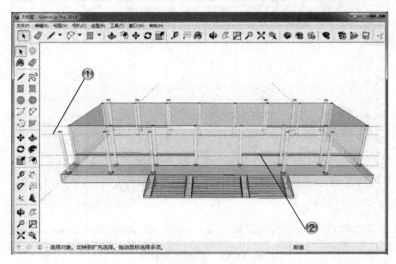

图 15-14　创建窗台

Step14 创建正门

①按照实际的测量绘制门辅助线，选择【矩形】工具，按照辅助线画出正门轮廓，如图 15-15 所示。

②运用【推拉】工具推拉一定尺寸，创建正门。

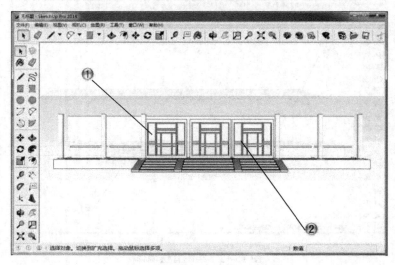

图 15-15　创建正门

Step15 创建窗户

① 按照实际的测量绘制窗辅助线，选择【矩形】工具，按照辅助线画出正面窗户轮廓，如图 15-16 所示。

② 运用【推拉】工具推拉一定尺寸，绘制正面窗。

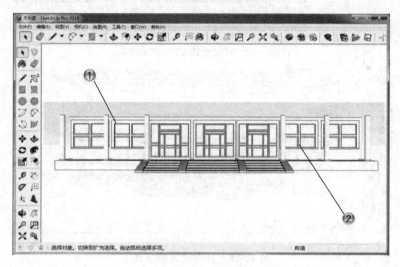

图 15-16　创建窗户

Step16 创建首层屋顶

① 将首层屋顶偏移至外部柱子外侧，再通过【偏移】工具偏移至外部柱子内侧，将中间部分删除，绘制首层屋顶轮廓部分，如图 15-17 所示。

② 选择【推拉】工具，将柱上方矩形推拉，绘制首层屋顶部分。

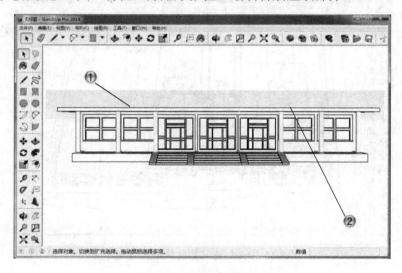

图 15-17　创建首层屋顶

Step17 创建其他层和建筑物顶

① 按照同样方法，绘制建筑其他层，如图 15-18 所示。

② 选择【直线】工具，绘制建筑物顶部。

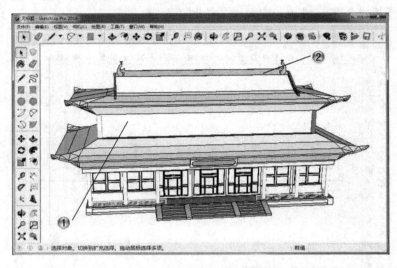

图 15-18　创建建筑物顶部

Step18 创建其他建筑物和景观

① 按照同样方法，创建其他建筑物，如图 15-19 所示。

② 按照同样方法，推拉出墙体、道路、栏杆等景观模型。至此，主要园林建筑和景观模型就制作完成了。

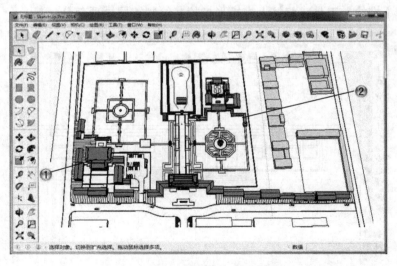

图 15-19　创建其他建筑物和景观

15.2.2　添加组件和材质并渲染

完成园林景观模型绘制后，下面添加树木、绿植等组件，并对模型赋予材质，最后进行渲染出图。

❗ Step1 添加组件

① 使用导入的方法，为场景添加树木组件，如图 15-20 所示。

② 按照同样方法，为场景添加绿植、人物等其他组件。

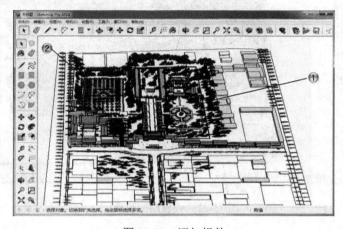

图 15-20　添加组件

❗ Step2 设置地面材质

① 单击大工具集工具栏中的【材质】按钮 🗞，如图 15-21 所示，弹出【材质】编辑器。

② 选择【植被】中的【人工草皮植被】材质，赋予地面材质。

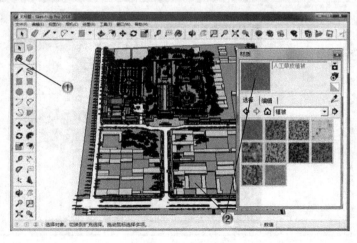

图 15-21　设置地面材质

Step3 设置路面材质

① 单击大工具集工具栏中的【材质】按钮 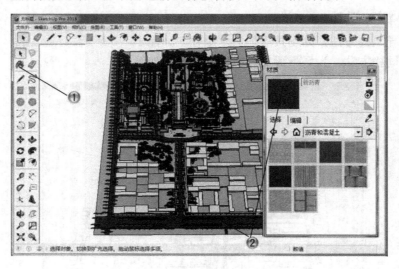，如图 15-22 所示，弹出【材质】编辑器。

② 选择【沥青和混凝土】中的【新沥青】材质，赋予路面材质。

图 15-22 设置路面材质

Step4 设置步行道材质

① 单击大工具集工具栏中的【材质】按钮，如图 15-23 所示，弹出【材质】编辑器。

② 选择【石头】中的【砖石建筑】材质，赋予步行道材质。

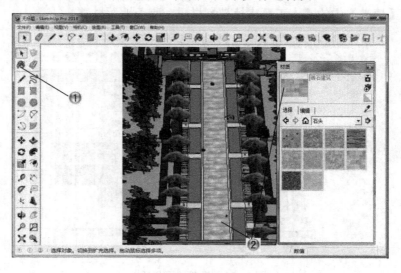

图 15-23 设置步行道材质

Step5 设置亭子周边路材质

① 单击大工具集工具栏中的【材质】按钮 ，如图 15-24 所示，弹出【材质】编辑器。

② 使用纹理图像【7-1.jpg】的贴图材质，赋予亭子周边道路材质。

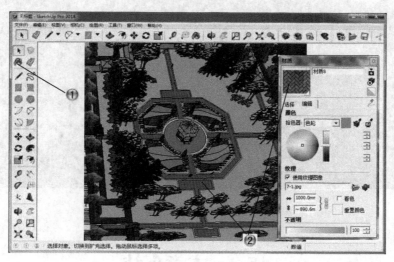

图 15-24　设置亭子周边路材质

Step6 设置其他建筑和景观材质

① 使用【材质】编辑器，赋予其他景观材质，如图 15-25 所示。

② 按照同样方法，赋予建筑物材质。至此，这个案例的园林景观和建筑模型全部制作完成。

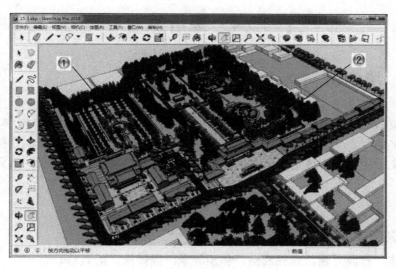

图 15-25　设置其他景观和建筑材质

Step7 进行渲染

最后，进行案例模型的渲染和后期图片处理，得到的最终效果如图 15-26 所示。

图 15-26　案例最终渲染效果

15.3　本章小结

通过本章案例的学习，了解中式古建和园林设计思路，以及制作中式园林景观效果的顺序。本章的重点在于绘制景观和建筑模型方法的应用。通过学习本章案例，读者可以进一步熟悉和应用软件的相关命令，同时达到对景观设计的实践应用。

15.4　课后练习

15.4.1　填空题

简单的复古是不适应当今社会的，用＿＿＿＿＿与＿＿＿＿＿相结合，融为一体，古今结合，融入中式园林的＿＿＿＿＿、＿＿＿＿＿、＿＿＿＿＿、＿＿＿＿＿等中式典雅意境，让整个园林弥漫着浓厚的人文历史气韵，使进入园林的人们感受到中国文化的源远流长，起到教育和纪念性作用。

答案：

现代手法，古典元素，曲径通幽，移步异景，隔障法，借景法。

15.4.2 问答题

中国古典园林具有哪些营造要素？

答案：

中国古典园林作为一种兼有实用与审美双重属性的艺术作品，其在营造要素上，主要包括了山水创作、建筑经营、植物配置、动物生趣、天象季相、景线布局、装饰陈设、诗情画意等八项要素相互融合贯通来表达相关意境。

15.4.3 操作题

使用本章介绍的制作方法和命令创建中式校园模型，如图 15-27 所示。

图 15-27　中式校园模型

练习内容：

（1）创建主体教学建筑；
（2）创建附属建筑；
（3）创建周边景观；
（4）添加材质并渲染。